U0123654

天下雜誌
觀念領先

TEDBooks

如何在
火星上生活

How We'll Live
on Mars

史蒂芬·彼車奈克　著
Stephen L. Petranek
鄧子矜　譯

我希望美國人贏得的科技競賽能夠真正帶來新工作機會。我們對於太陽系的探索，將不再只是前往一探究竟，而是希望能在當地生根。

上個月，我們發射了新的太空船，是重新啟動的太空計劃的一部分，這個計劃將會讓太空人登陸火星。

──美國總統歐巴馬 2015 年 1 月 20 日國情咨文

想像火星上的生活

吳宗信 ARRC 前瞻火箭計劃主持人

收到天下出版社的邀請，要為史蒂芬・彼車奈克的《如何在火星上生活》寫推薦序時，著實猶豫了一陣子。雖然本人有從事太空科技相關研究，畢竟不是行星科學領域的專家，要為一個不熟悉的專門書籍寫序，有時需要相當大的勇氣。但詳讀本書後發現這是一本兼具太空科普知識又帶有一點科幻性質的精采讀物，可以讓國人很容易的了解火箭、軌道、火星等相關基本知識，因此欣然答應推薦。

在台灣，有些人會嚮往移民到國外生活，但我相信應該很少人曾想過要乘坐太空船移居到火星，過一個與地球截然不同環境的殖民地生活，

這原是只在科幻小說、卡通或是電影才會出現的情節。登陸火星這個人類文明史上前所未有的壯舉，如今已經正式成為人類太空發展的一個議程，發射火星探測器不再只是滿足人類對於未知世界的好奇心，而是進一步想要解決未來人類在地球所面臨的生存問題。誠如美國歐巴馬總統在 2015 年國情咨文所宣示：「我希望美國人贏得的科技競賽能夠真正新的工作機會，我們對於太陽系的探索，將不再只是前往一探究竟，而是希望能夠在當地生根。……重新啟動的太空計畫將會讓太空人登陸火星。」

　　作者在本書中以淺顯易懂的文字，從不同的面向說明未來人類移民火星會遭遇到的一些難題，以及可行的解決方案，例如，從地球到火星的運輸問題、地球到火星這趟旅程的成本問題，以及大家最關心的，到達火星之後的生存問題，包括氧氣、飲用水、食物的取得等，作者都一一

提出可能的解決方案。若人類真的要移居火星，作者也提出一個非常前衛的想法：透過遺傳工程方式，使人類可以適應充滿二氧化碳的環境。

不管你是否同意本書的論點或是方法，作者透過科技史上不斷發生的例子，一再提醒、刺激讀者一個觀念：任何原本不可能的事情，隨著知識與技術的進步都會成為可能。也許真有一天，人類可以登陸火星，進而移民火星。很高興天下雜誌出版能即時翻譯與出版這本書，透過中文譯本，讓國內更多讀者接觸到國際太空科學與太空科技最新發展的現況與知識，進而激起更多國人對太空探索的熱情。

各界推薦

曾經有人問過我，如何達到個人的卓越（Excellence），我的淺見是：多元接觸（Exposure）、廣泛探索（Exploration）、自我期許（Expectation）、紮實執行（Execution）與經驗累積（Experience）。台灣社會或者華人文化較缺乏接觸與探索的階段，而 TED 或 TED Talks 所提供的內容正是閱讀這個世界的楔子。然而，淺碟式學習效果有限，一知半解往往比不知還可怕，而 TED Books 正好彌補缺少的這塊，讓我們對有興趣的議題可以挖掘得更深。何不看看幾部 TED Books 的演講影片，你很快就會知道，該買哪幾本！

誠致教育基金會執行長 呂冠緯

三十多年前，TED 的開始，透過大型實體活動講故事，講值得擴散、能帶給眾人啟發的故事。寬頻連線與智慧手機普及後，TED 又登上網路影音與 App，跨越國界，啟發了遍佈世界各地、數以千萬計的觀眾。而後，TED 又增加了 TEDx，所謂獨立舉辦的 TED 論壇，讓更多有故事的人可以登上舞台，提供全世界他們的好故事。現在，很高興，三十年後，TED 的故事又化身為書籍，要用文字的力量，讓更多好故事，啟發更多讀書人。

TEDxMonga 講者、AppWorks 合夥人 林之晨

TED 的水準高，有口碑，現在它把演講的主題寫成三萬字左右，又印成大小正好可以放在口袋中的小冊子，適合在旅行中閱讀，真是一個好主意（只怕讀者會讀到忘記下火車）。這次《天下雜誌》拿到它的獨家代理權，台灣的讀者

有福了，在資訊爆炸的二十一世紀，每個人時間都不夠用，我們需要快速的吸取重要訊息，而這一套書正好提供了這個需求，這些書的內容簡單扼要，沒有贅字廢話，看完好像去赴了一場盛宴，心靈得到滿足又沒有吃的肥腸滿腦的不舒適。「閱讀豐富人生」，透過文字的傳承、閱讀的能力，我們可以站在巨人的肩膀上看的更高更遠，我期待每個月的新書出來。

中央認知神經科學所教授 洪蘭

在每一場 TED 十八分鐘演講結束後，我常常在想，要怎麼延續這些十八分鐘背後的力量？

TED Talks 希望帶給大家的，不是稍縱即逝的感動，而是希望這些故事背後擴散出去的漣漪，可以鼓勵大家化成行動，發揮它原本就該具備的影響力，讓世界可以朝著更美好的方向前進，這就是 TED「好點子值得被分享」的初衷。

　　我們用眼睛看世界，用閱讀觀照自己。如果TED 演講，是在心中種下一個讓好想法萌芽的種子，或是激發想像的小石頭。那 TED Books 系列叢書，就是接續演講的未竟之處，帶領大家沿著這些智慧軌跡，探索與思想的深度旅程。內容包羅：人權、太空、知識、科學、心靈、智慧等萬象領域。知智無垠，但在追求過程中的樂趣也同樣無窮。

　　資訊紛至沓來的移動時代，我們的心需要安穩寧靜的時刻。閱讀 TED Books，體會智慧在動靜之間的生猛、敦厚及平衡。期待各位翻開書扉的同時，也踏上屬於自己的蛻變旅程。

　　TEDxTaipei 創辦人 、TED 亞洲大使 許毓仁

　　在我觀察，TED 演講最驚人之處，在於三點：一是善用網路新媒介，將主題式的、專業性的內容，轉為演講形式，化為影像；二是 TED

演講讓當代壁壘分明，甚至深院高戶的學術研究，或是各行各業傑出人士的多年經驗、獨到見解，可以透過簡短、扼要、明白的演講方式傳達給普羅大眾；三是 TED 演講，採取的策略之一，向全世界開放授權，只要向總會申請，符合總會規範和要求，就能自行辦理 TED 演講。當然，短短十八分鐘演講，彷彿是深入知識寶庫前的店招或預告片，常讓人意猶未盡，該如何補足這種缺憾呢？ TED 系列書成了最好的入門導引書，我相信只要一本一本讀去，必定可以深入各式各樣寶庫。

台北市中山女高教師 張輝誠

十八分鐘太短，偏偏世界又太複雜，TED Books 是一個不多不少的折衷方案。

從火星旅行、數學應用、認識恐怖分子、邊緣族群家庭，直到海洋食物的未來，我們都在網

路上，看過上百支 TED Talks 影片，有些甚至被我們加入 YouTube 的書籤珍藏。像是一道任意門，TED Talks 開啟了我們對陌生議題的認識。至於門後幽深廣闊的世界，TED Books 則像一本生動導覽，指出我們還未經歷的路徑。

新聞工作者 黃哲斌

知識是聰明人的娛樂，而真正的知識分子不孤高自賞，也絕不狐群狗黨。TED 先用十八分鐘，帶著表演性質的演講格式降低大眾跨入廣袤知識領域的門檻，再透過 TED Books 更進一步地讓講演者跟讀者用適合深度思辨的文字來對話。TED 不斷在尋找更好、更吸引人也更適合當代傳播環境的社會溝通與共學方式，並予以規模化，這是我非常佩服，也持續在努力的方向。非常高興見到 TED Books 系列在台灣出版，希望很快泛科學也能做到。

Pansci 泛科學總編輯 鄭國威
（按姓氏筆劃排列）

序章

不遠的夢想

這是一則預言：

2027 年，太空船猛禽一號（Raptor 1）和猛禽二號（Raptor 2）在經歷 243 天的航程之後，終於進入了火星軌道。地球上估計約一半的人口，大部分聚集在戶外大型 LCD 螢幕前，共同見證猛禽一號降落的實況轉播。即使在地球軌道和火星軌道最接近的那一刻，電視訊號也需花 20 分鐘才能傳回地球，所以人們看到的影像，其實來自不同的時間與不同的空間。太空船降落火星地表的剎那如果出了什麼差錯，大家看

到實況轉播時，4 名太空人可能已經死亡了。

　　將近 10 年的期盼，終於在此刻成真。太空船配備了巨大的降落傘，煞車火箭開始噴射，吹起地表的紅色塵土，太空船緩緩降落在火星表面。地球上的觀眾焦急地等待著，新聞播報員帶著大家回想起多年前的一場記者會，讓世界震驚、讓 NASA 蒙羞的記者會。那一天，推動登陸火星計劃的某私人公司宣布，將要建造數個能夠載人登陸火星的巨型火箭，並且要在 10 年之內，發射一到兩艘火箭，讓人類登陸火星這顆紅色行星。當時 NASA 的計劃是至少還需要兩年的時間，才能執行火星太空船的載人測試飛行。

　　當猛禽一號在火星赤道附近巨大隕石坑著陸時，太空人已經想好要做的事情了。時間寶貴，如果首次登陸進行順利，猛禽二號在幾個小時內也會登陸，送來更多的探險者。太空船載運了大量在火星上生存的必需品，太空人工作清單上的

第一項任務，是搭建基本的居住基地。接下來，太空人要為鐘形的加壓帳棚充氣，那是由最新材料製成的特殊帳棚，能夠增加太空人的活動空間，也可當成種植作物的溫室。

火星的環境與地球有相似之處。火星的地貌看起來類似地球的一些地方，例如南極的乾燥谷地或是夏威夷火山區的沙漠。不過，即使地貌有點像，還有很多其他的因素將造成艱鉅的挑戰。一個火星日只比一個地球日長 39 分鐘又 25 秒，但是一個火星年長達 687 天，幾乎是地球年的兩倍。火星的軌道是橢圓形的，這意味著冬夏之間的季節變化要比地球更為劇烈，在火星的南半球，夏天比較溫暖，但是冬天更冷，登陸火星的太空人最後會搭建兩座基地，夏季基地建在赤道稍南，冬季基地則在赤道稍北處。

登上火星才是挑戰的開始

　　不過首先，這批首次登上火星的人類必須在 24 小時之內完成最重要的任務：找到水源。NASA 的登陸機器人和軌道衛星得到的資料預測，火星的表面土壤表岩屑（regolith）中應該有足夠的水。找到水，太空人才能補充水分，同時還要將水分解，存儲為未來呼吸的氧氣。之前NASA 的軌道衛星發現，太空人登陸的火山口有一層純水結成的光滑冰層。如果這片光滑面的組成不是冰，太空人就得在附近尋找其他含冰量較高的的表岩屑。如果附近都找不到這樣的冰層，太空人將會使用穿地雷達（ground-penetrating radar）找尋、汲取地下水源。

　　在下一艘太空船抵達之前，也就是從現在算起兩年之後，第一批太空人需建造更多永久性設施，可能需要用表岩屑做為建材。雖然登陸當天陽光普照、天氣溫暖，大約攝氏 10 度，但是入

夜後溫度就會急遽下降，接近嚴酷的南極之夜。
在赤道附近登陸，火星赤道夏天的溫度是溫和
的 21 度。但縱使如此，一到晚上，溫度可能下
探零下 73 度。因此，太空人需要搭建能夠隔絕
外界惡劣環境的建築，要能隔絕夜晚的超低溫，
還有因為火星大氣稀薄而直射地表的太陽輻射。

　　如果沒有一件事情順利，無法找到充足的水
源、太陽輻射造成的影響遠高於預期，或是其中
一艘太空船降落時嚴重損毀，這些太空人就只能
等適合的發射時段，踏上漫長的返回地球之旅。
相反地，如果一切照計劃順利進行，他們就能在
火星上待下來。

　　首度踏上似乎無生命星球、離家 4 億公里
的 4 位火星太空人面臨的處境，跟過去突破人類
極限、登上高山之巔、橫越大洋創造新生活的其
他探險者一樣。不過這些太空人與前人的共通點
僅只於此，征服另一個星球，在各種意義上都比

以往任何在地球上的探險更為重要。這些人能夠登上火星，是人類智慧的最大成就。

在 1969 年觀看阿姆斯壯在月球上踏上第一步的人都會說，那一刻，地球好像停止轉動。那項成就非常不可思議，有些人到現在還難以置信，認為那是在好萊塢搭的場景。太空人踏上月球時，人們開始說：「我們都能登陸月球了，還有什麼做不到。」但是他們的意思是，「在地球上或地球附近的地方」還有什麼事做不到。登陸火星則完全有不同的意義：如果我們能夠抵達火星，也能夠抵達其他任何地方。

這項成就讓「星際大戰」和「星際迷航」中的科幻世界看起來有可能成真，也使土星和木星的衛星探測成為下一步可行的計劃。無論如何，太空探險勢必會引發比當年加州淘金熱更大規模的潮流。更重要的是，登陸火星讓人類想像力脫離地球的重力範圍。人類首次踏上火星，對於科

技、哲學、歷史和探險各領域都是非常關鍵的時刻，從登陸火星開始，人類已不再是侷限在單一行星上的物種，正式成為星際種族了。

首批探險者登陸只是一個遠大計劃的開始，計劃不只是要前往火星、建立長久的居住地，還要改造整個星球。為了讓人類能夠在火星上自由地呼吸，必須改造以二氧化碳為主的火星稀薄大氣。人類要在火星上存活，我們還要想辦法把火星的平均氣溫從零下 81 度提高到較適合生存的零下 7 度，也要讓原本乾涸的河床與湖泊再次充滿水。另外，還要種植植物，吸收大氣中過多的二氧化碳。這些任務預計需投資千年以上的時間，卻能為全人類打造第二個家園，建設前往終極邊疆的前哨站。一如過往的邊疆前哨站，火星最後也會變成在各方面都能與地球相似的星球。

那些開路先鋒所展開的計劃，對於未來有深遠的影響。他們更偉大的任務是要建立一個太空

社會（spacefaring society），這個社會能夠維持太空港的運作，以火箭往來，讓貨物能夠在重力小的行星上輕易的發射。人類可以從這些太空港，前往太陽系更邊緣的區域。

變身星際種族

　　火箭登陸火星的那一刻，代表的不只是冒險的偉大起點，也是保護全人類文明的第一步。人類在地球上的生存已經受到嚴重威脅，我們無法讓唯一的家園免於生態毀滅或是核子戰爭的危險，只要一個小行星撞上地球，就足以毀滅大部分的生物。隨著太陽年紀愈來愈大、漸漸膨脹，最後也會毀滅地球。在這些事情發生前，人類必須想辦法成為星際種族，不只能在其他行星生活，還要能更進一步從太陽系到達其他星系。首批的火星移民，將是人類最大的希望。他們建立的小小基地將會擴展成有規模的殖民地，甚至會

有新的物種開始在火星繁衍。載人到火星的企業將會持續建造數以百計的火箭,目標在幾十年內建立自給自足、人數達 5 萬人的火星社區。即使地球毀滅,火星上的社區也足以保存全人類累積迄今的集體智慧與成就。

事實上,30 年前我們就有能力登陸火星了。阿波羅十一號帶著人類首度登上月球,之後 10 年內,我們就具備了登上紅色行星所需的相關技術,只是沒有抓住機會。那背後有一段黑暗的歷史。我們本來可以集結兩個世代的能力,努力實現人類想像所及的每件事情,50 年前,我們就有能力把人類的足跡跨向太陽系,30 年前就有能力登陸火星,但是美國總統的一個決定,就阻礙了太空旅行幾十年的發展。直到現在,才等到私人企業的火箭技術打開了新契機。或許,探險的渴望早已寫在我們的 DNA 中了。大約在 6 萬年前,智人(Homo sapiens)離開非

洲，展開冒險的旅程，直到人類在全球各地生根。探險和人類的生存有關，卻也造成土地被侵佔、文化被毀滅，以及無數的資源掠奪亂象。

　　移民火星發生的速度比多數人想的還快，但我們還沒有任何相關法規能夠規範、約束這個外星殖民地。本書將會說明我們能在火星建立殖民地的驚人能力，同時也提出警報，說明潛在的風險與危機。這項挑戰充滿希望，卻也陷阱重重。現在，就是我們該仔細思考的時候了。

1

火星計劃

　　羅伯特・戈達德（Robert Goddard）在 1926
年發射了第一架液態燃料火箭，當時火箭飛了十
多公尺高。那時候的戈達德應該想像不到 101 年
後，人類能夠登上火星。其實，太空科技發展的
道路可以追溯到第二次世界大戰。前納粹軍官馮
布朗（Wernher von Braun）以戈達德的發明為基
礎，設計了火箭，在戰時成為致命的武器，如下
雨般空襲倫敦。馮布朗的驚人天分，變成了希特
勒震驚世界的恐怖武器。1948 年，馮布朗改良
的 V-2 火箭飛越北海後四年之後，這位天才工程

師才 36 歲，卻和德國其他的火箭科學家一起被軟禁在美國德州的布利斯堡基地。

　　當年，美國陸軍祕密把馮布朗和他的團隊從德國帶到美國，嚴密監控，據稱，那群科學家要有護衛隨行才能離開基地。美國人一心想要製造彈道飛彈，馮布朗和屬下的傑出火箭技術就成為當時美國軍方的重要資產。除了幫助美軍，他們在基地裡的其他時間通常沒什麼事好做，因此，全球最先進火箭計劃的主持者馮布朗決定開始寫書，寫他自己最愛的主題：太空探索。這本書到 1952 年才印刷出版，而且一開始只有德文版，書名是《火星計劃》（*Das Marsprojekt*），隔年，伊利諾州大學出版社推出英文版（*The Mars Project*）。時至今日，這本 91 頁的小書依然是公認最具影響力的太空旅行手冊，書中內容從來沒有過時，到現在依然是火星探索的指引。

馮布朗的火星遠征艦隊

　　馮布朗在書中描繪了一個偉大的願景：10艘太空船載著 70 個太空人組成太空探險艦隊，其中 3 艘太空船負責載運貨物，不會返回地球。馮布朗寫道：「我相信，我們該拋棄讓單一火箭載著少數勇敢冒險者升空的模式，那像是巨型保溫瓶脫離地球重力，獨自孤單飄往火星。」

　　馮布朗計劃在地球軌道的太空站上建造太空船，造船所需的設備與材料需由能重複使用的三節火箭往返載運 46 次。火箭的第一、二節會用降落傘返回地面，第三節附有翅膀，能夠飛回地面。1948 年，馮布朗就獨立完成了絕大部分的計算，他預測了太空梭的問世，以及太空探險科技公司（Space Exploration Technologies Corporation, SpaceX）建造的重複使用軌道火箭，這種火箭回收後可以在 24 小時內重新填充燃料、再度發射。馮布朗在書中估計，約需發

射 950 次運貨火箭，才能成功打造 10 艘裝滿燃料的太空船。

　　馮布朗規劃的火星之旅會使用霍曼轉移軌道（Hohmann transfer orbit），是一種能節省燃料的方法。位於地球圓形軌道上的太空船，只需短暫點燃引擎，爬升到另一個和火星公轉軌道交會的橢圓軌道。之後，太空船就不需再消耗燃料，可靠慣性滑行直到接近火星為止。太空船接近火星時，需要再次啟動引擎，用減速的方式進入火星軌道。這個方法有點像泰山抓著藤蔓，從這棵樹擺盪到另一棵樹，然後再抓住另一條較短的藤蔓，把自己盪到特定的樹枝上。霍曼轉移軌道的策略要成功，必須精確計算地球軌道與火星軌道相近的時間。每 25 個月會出現一次適合發射火箭到火星的時間點。

　　霍曼轉移軌道法雖然能節省燃料，卻得付出時間的代價，單程旅途會長達 8 個月。每隔

約 15 年，地球軌道和火星軌道會非常接近，兩個星球的距離、也就是航程時間會大幅減少。除了霍曼轉移軌道法，還有其他用最少燃料前往火星的理論，包括使用大量燃料、一股作氣直線飛向火星的方法，航行時間比霍曼轉移軌道的曲線航程短；核融合火箭和核電火箭（nuclear electric propulsion）也可以把航程縮短到 90 天以下。不過這些理論會需要的推進器都還處於理論階段，還沒問世。

如果馮布朗的火星任務成功執行，太空人會在火星停留約 400 天，等到地球進入適合的軌道位置，才能進入另一個霍曼轉移軌道，返回地球。

《火星計劃》寫作時，科學家還沒發現地球上有范艾倫輻射帶（Van Allen radiation belt，其中的大量帶電粒子具有保護效果），而火星沒有范艾倫輻射帶。馮布朗也還不了解長期失重造成

的影響、太陽輻射的嚴重性（他有計算宇宙射線），以及火星地表的狀況。馮布朗只粗略估計了火星大氣的密度。直到 1957 年，第一顆軌道衛星史普尼克一號（Sputnik）才終於升空，比馮布朗的書晚了 10 年。馮布朗在書中承認，他沒有計算隕石可能造成的風險，但是他提出了解決無重力狀態的方法，也就是把太空艦隊中的每艘太空船用纜線連接在一起，彼此像溜溜球般旋轉，產生人造重力效果。

NASA 的水手四號（Mariner 4）探測船在 1965 年飛越火星時，回傳了兩個驚人的發現：火星的大氣比科學家預測的還稀薄，幾乎是沒有大氣的狀態。另一個發現是火星地表的條件不太可能有生命存活。1960 年代，馮布朗和許多人都曾想像過，火星上或許有外星人住在地底的花園中，他甚至在 1949 年寫過《火星計劃》的科幻小說版，描述他想像中的火星文明。為了從軌

道上降落火星地表，馮布朗設計了小型飛機，那些飛機雖然無法在稀薄的大氣中飛行，但他已經預見了這個困境，另外提出了幾個備用策略，小飛機的機翼也設計成可拋棄式的。

馮布朗也設想到，人類在狹窄密閉的空間中長途旅行數個月到數年，可能產生的心理不適與問題，於是他設計了接駁太空船，能在整趟火星旅程中讓不同太空船之間的人員和物資進行交流。根據馮布朗的計劃，後來的科學家計算出每個太空人需要 1 萬 2 千公斤的氧氣、將近 8 千公斤的食物，以及 1 萬 3 千公斤的水。每艘太空船上都建有回收水和空氣中水蒸氣的系統。

這本書的技術內容附錄中，有一個特別顯眼的數字：脫離地球強大重力所需的極大量燃料。馮布朗的太空艦隊有 10 艘太空船，每艘都重達 3,628 公噸，其中燃料占的重量就超過 3,200 公噸。每艘太空船從火星返回地球時，重量只會

剩原始重量的 1%。

孤獨的巨人

　　《火星計劃》中有大量不凡的見解以及驚人的工程創造力。但很不幸地，戈達德和馮布朗都超越他們的時代太多，因此作品受到許多負面評價，甚至遭到根本搞不清楚內容的權威人士誤用。當戈達德說他的火箭可以抵達月球時，新聞登上了《紐約時報》的頭條，但是同一份報紙卻在社論專欄中嘲諷這個新聞。50 年後，阿波羅十一號發射升空隔天，該報紙刊出了更正。

　　1950 年代早期，馮布朗很認真的提出前往火星的計劃，但是許多人，包括科學家和工程師都認為計劃荒謬可笑。發射數百枚火箭到地球軌道上，建造 10 艘巨大的太空船，載滿數萬公頓的燃料、氧氣和食物？想太多了吧！

　　不過這個計劃讓美國民眾深深著迷。1954

年，《柯利亞雜誌》（*Collier's*）以太空旅行為主題製作了 8 篇系列報導，其中就包含馮布朗對人類登陸火星的描述。

在馮布朗之前，就有許多夢想家認真想過星際旅行的可能性，但是都沒有實際的設計內容、也沒有加以計算。馮布朗的計劃包括了航行軌道、經過精密計算的方程式、以及技術圖解。他甚至還設定了發射時間：1965 年。馮布朗心中的構想並非胡鬧，火星之旅的想像和現實間只差執行那一步而已。

要了解《火星計劃》的偉大，我們可以回想一下薩根（Carl Sagan）在 1985 年發表的小說《接觸未來》（*Contact*）。在這本科幻小說裡，太空中某個未知文明用光速把太空船的設計手冊傳送到地球，教導地球人建造能夠抵達外星人所在星球的太空船。在 1950 年代初期，對大多數的地球人來說，馮布朗就像是那個外星文化，傳授

我們探索宇宙的技術手冊，差別只在於《火星計劃》的內容並非科幻小說。

到 1960 年代後期，馮布朗成為農神五號火箭（Saturn V）的主要設計者，因而備受尊敬。農神五號就是載著阿波羅太空船前往月球的推手。隨著他的名聲見高，馮布朗開始在 NASA 與國會中提倡登陸火星計劃。當時他的構想是發射兩艘以核子引擎為動力的太空船，而且逢人就說能夠在 1980 年代進行發射。

那次的計劃和馮布朗之前的提案不同，那次提案的確送到了尼克森總統手上，成為接續阿波羅計劃的候選計劃之一。但是馮布朗的提案輸給了太空梭計劃，因為軍方和情報單位認為太空梭對於發射與修復間諜衛星而言較有利用價值。雖然 NASA 的每項計劃應該都是公開透明的，但是在 1982 年到 1992 年這 10 年間，NASA 進行了 11 次的機密太空梭任務，全部都是依軍方和

情報單位的要求而設計的。同時，尼克森也決定中止農神五號火箭的製造。沒有人類史上最大也最好的載重火箭，星際旅行就不可能成真。如果當時美國決定航向火星，而不是全力發展太空梭，人類說不定現在已經在火星上建立了永久基地。馮布朗了解到自己和 NASA 已走在不同的路上，便在 1972 年退休了。

《火星計劃》出版後的這 62 年間，火星在人們的心目中大多只是 2012 年登陸火星的好奇號（Curiosity）拍攝的地景照片。如果 NASA 和尼克森更認真的看待馮布朗的提案，目前在火星上漫遊的好奇號應該還載著太空人才對。

太空梭任務讓美國的太空計劃進入了漫長的衰退階段，也讓研究機構與廣大的美國民眾對太空失去熱情和遠見。前往其他星球的夢想被沒人想看的太空漫步取代。NASA 專注在過時的火箭設計上，製造出來的太空梭對於太空旅行幾乎沒

有具體貢獻，又時常發生墜落事件，而且除了與國際太空站（International Space Station, ISS）接軌，無法獨立到達更遠的地方。最後，太空梭淪於運送太空人和物資到國際太空站的接駁工具，更不用說太空站本身也只是由高科技拼湊而成、沒有什麼用途的龐然大物。

備受敬重的英國皇家天文學家芮斯爵士（Sir Martin Rees）直接批評國際太空站：「拿打造太空站的所有花費和在太空站進行的科學實驗相比，就會發現這是一項完全不值得的投資。太空站的主要目的只是讓載人的太空計劃能夠持續，並且探索人類在太空中生活的可能性。現在這個領域中大部分的正面發展，都來自於私人企業。比起 NASA 和 NASA 一貫的承包商，私人企業還更有可能發展出更便宜的火箭和技術。」

NASA 蹉跎、放鬆的這段期間（甚至允許承包商用增加成本的方式運作），讓民間創業家有

機可乘。135 次的太空梭任務結束了，結算下來每次任務平均花費高達 10 億美元。NASA 的工作，應該有人能做得更好、更快，也更便宜。這些人終於出現，他們能讓前往火星的夢想成真。

2

偉大的私人太空競賽

　　上太空的成本很高，因此一直都屬於政府的領域。美國波音公司（Boeing）和洛克希德馬丁公司（Lockheed Martin）之所以能夠加入太空事業，大部分是因為 NASA 和美國軍方願意簽訂成本加成的合約（cost-plus contract）。

　　30 年前，在哈佛商學院相遇的 3 個朋友認為火箭事業有利可圖，成立了軌道科學公司（Orbital Science Corporation），設計出有翅膀的特製三節火箭，名為飛馬座（Pegasus），它能夠掛在大型噴射客機的機腹下，依靠噴射機升到 1 千

多公尺的空中，用較少的花費就能發射到軌道上。

飛馬座一共執行了 42 次任務，建立了輝煌的記錄，目前為止只有 3 次失敗經驗。軌道科學公司成功建立製造火箭與人造衛星的口碑，他們為電信公司、各國政府和 NASA 建造了數百個人造衛星和探測船，其中有些是用洲際飛彈改造而成的。最近幾年，在 NASA 的鼓勵下，軌道科學公司建造了新的火箭心宿二（Antares），以及新的太空船天鵝座（Cyngus），天鵝座已經能成功運送物資到國際太空站，而且花費只有太空梭花費的一小部分。開始賺錢的軌道科學公司合併了其他火箭製造商，最後在紐約掛牌上市，名為 Orbital ATK。

靠自己去火星

當軌道科學公司正在建立事業王國時，馬丁

馬瑞塔公司（Martin Marietta Material）的工程師祖賓（Robert Zubrin）因為無法前往火星而焦躁不安。祖賓想了很多讓火星適合居住的方法，他的計算結果使火星相關的討論更深入、更細膩。和馮布朗一樣，祖賓早就認為我們已經擁有前往火星所需的技術。他的計劃稱為「直達火星」（Mars Direct），提出省錢又簡單的火星載人計劃。NASA 對這個計劃表示興趣，但卻一直拖延。祖賓於是寫了一本書《前進火星》（*The Case for Mars*），並在 1998 年成立了火星協會（Mars Society），自己推動計劃。

最近，荷蘭人蘭茲卓普（Bas Lansdorp）和韋德斯（Arno Wielders）成立了非營利組織「火星一號」（Mars One），要展開前往紅色行星的單趟旅程，預計在 2025 年登陸火星。在此之前，他們要先把貨艙、住所和漫遊車送上去。蘭茲卓普和韋德斯打算用轉播權利金做為任務的經費來

源。不過這個組織目前尚無能夠前往火星的火箭
和太空船，不久前才與洛克希德馬丁公司簽訂合
約，討論計劃的可行性。

另外，還有像迪托（Dennis Tito）這樣自己
花錢上太空的人。根據報導，迪托付了 2 千萬美
元給俄國人，是史上第一個自費上太空的人。迪
托成立的非營利組織「靈感火星基金會」
（Inspiration Mars）有個很樂觀的計劃，預計
在 2021 年送一對男女到火星，任務搭乘的火箭
可能是 SpaceX 公司設計用來送人登上國際太空
站的酷龍號（Crew Dragon）。這項任務只會接近
火星、經過火星，最後再折返地球。這對男女會
在狹小的太空艙中單獨相處長達 1 年半的時間，
因此靈感火星基金會打算讓一對夫妻進行任務。
為了對抗物資缺乏與孤獨感，迪托說：「你會需
要一個可以擁抱取暖的人。」

靈感火星基金會的目標是在 2018 年進行發

射，該年是每隔 15 年才會出現的火星與地球理想相對位置，只噴發一次的火箭花 501 天就來回一趟，旅程中其他時候都依靠慣性，藉由火星的彈弓效應轉彎，然後回到地球。但是，目前沒有可用的火箭能夠完成這項任務。NASA 的「太空發射系統」（Space Launch System）預計在 2018 年完成，能從地球載太空船到火星，但是系統不太可能借給靈感火星基金會使用。迪托說，他的備案是在 2021 年發射，利用金星的重力彈弓效應，進入繞經火星的軌道。

Amazon 的貝佐斯（Jeff Bezos），Google 的創辦人佩吉（Larry Page），微軟的創立者艾倫（Paul Allen），以及冒險家布蘭森爵士（Sir Richard Branson）都投資了數百萬美元加入這場新興太空競賽，各方勢力介入，有如西部拓荒時期般踴躍，但是這次的目標不是美國西部，而是浩瀚無垠的太空。目前已經有很多人提出載人上

火星的計劃，但只有一家公司真的做出承諾，要搶在 NASA 之前把人送上紅色行星。

馬斯克也加入探險行列

我們想到阿波羅十一號，就會直接聯想到馮布朗。當 2027 年載人太空船降落火星時，我們可能也會想到伊隆・馬斯克（Elon Musk），因為火星登陸艇上很可能印著 SpaceX 公司的標誌。

馬斯克應該是這個時代最具遠見的創投家之一。他從史丹佛應用物理博士班輟學，7 年後賣掉了自己共同創辦的公司 Paypal 和 Zip2 的持有股份，身價估計高達 3 億 2 千 400 萬美元。馬斯克把錢投入 2002 年成立的「太空探險科技公司」，也就是 SpaceX，接下來又成立了特斯拉電動車公司（Tesla），準備在汽車工業掀起革命。馬斯克是大力支持太陽能的環境主義者，太陽能是特斯拉汽車的主要驅動力。2013 年，馬斯克

建議建造「高速迴路列車」（Hyperloop），一種利用真空管路的特殊高速運輸系統，並且把這個構想交給大眾分享討論。在舊金山和洛杉磯之間的高速迴路列車，可減少 30 分鐘的旅程時間。

當 NASA 延誤研發進度時，馬斯克成立了 SpaceX 公司。馬斯克和馮布朗一樣是移民，從南非遷居到加拿大；他也和馮布朗一樣是完美主義者，相信自己的遠見，並且決心要達成目標；當他提出人類必須前往火星時，似乎沒有人了解他有多麼認真，這點也意外地和馮布朗一樣。馬斯克突破重重困難，完成了不可能的任務，成立 SpaceX 公司，就算公司成立後的前三次火箭試射都失敗了，還是能帶領公司持續前進、免於負債。就這樣，馬斯克提出了一個劃時代的問題：誰說去火星只能靠 NASA ？

馬斯克成立自己的火箭公司只有一個原因：「成立 SpaceX 公司是為了加速火箭科技的發展，

目標是在火星上建立永久、而且能夠自給自足的基地，」這是他在 2014 年 5 月說的話。讓我們稍微暫停一下，看看馬斯克公司的名稱：太空探險科技，請注意「探險」兩個字，和馮布朗一樣，馬斯克也認為人類應該建立具有太空航行能力的社會，他知道地球不可能永遠適合人居。人類無視對環境的種種破壞，讓馬斯克認識到一個事實：如果一直待在地球上，人類將會面臨滅絕。

很快的，馬斯克開啟了全新的火箭發展行動。從阿姆斯壯 1969 年踏上月球，到馬斯克 2002 年成立 SpaceX 之間，火箭科技的進展非常緩慢。事實上，根據馬斯克的說法，太空旅行的技術從阿波羅計劃以來，非但沒有進步，反而退步了。他說：「當時我們能登上月球，但現在卻不行。既沒往前，也沒有開拓別的道路。美國現在甚至無法把人送上地球軌道。」

　　1966 年，NASA 使用的經費超過聯邦總預算的 4％，現在則只剩 0.5％。馬斯克加入太空旅行領域後，進展可說有如光速。10 年後送人上火星、讓人在火星定居數千年所需的科技，都逐一啟動。沒人知道 NASA 什麼時候才會清醒，但 當 SpaceX 的 第 一 架 天 龍 號（Dragon）在 2012 年 5 月成功抵達國際太空站時，全世界都發現，私人企業可以做到 NASA 做的事情，而且可能做得更好。

3

火箭不簡單

最近，馬斯克的公司有一架火箭在發射台上爆炸，他在推特（twitter）上寫道：「火箭不簡單。」馬斯克是對的：將近三分之二的火星探測任務都以失敗告終。

旁觀者可能會不解，人類 50 年前就登陸月球了，看起來沒有很難，為什麼去火星會那麼麻煩？主要原因是距離，距離不一樣，有非常大的影響。月球和地球間的距離，依軌道位置而變，大約在 36 萬到 40 萬公里之間，而火星和地球間的距離是月球與地球之間的千倍。2003 年，火

星和地球的距離是 6 千年來最接近的，只有 5,470
萬公里。地球繞太陽公轉一圈要 365 天，而火星
繞太陽公轉一圈則要 687 天，因此兩個行星的距
離在某些時刻可能非常遠，如果兩個星球剛好在
太陽兩側，這時兩者的距離就真的很遠，相距 4
億公里。火星和地球的距離，是月球與地球距離
的 140 倍到 1 千倍之間。

　　另一方面，人類來回月球只需要 6 天，以農
神五號火箭強大的推進力，花 1 天就能抵達月
球，但由於速度太快，無法被月球微弱的引力抓
住，只能拍張照片而已。利用馮布朗在《火星計
劃》中建議的霍曼轉移軌道，就算速度比去月球
的阿波羅太空船快，地球到火星的航程也比到月
球的航程遠 1 千倍。距離會造成困難，是因為我
們無法攜帶足夠的燃料一直線飛到火星。沒有無
限量供應的便宜燃料，我們必須沿著太陽系中某
些天體的軌道前進，因此航線總是彎曲的。就現

況來說，未來的 20 年內並沒有其他捷徑能讓我們前往火星的時間少於 250 天，縱使 SpaceX 公司設計出的火箭更強大、更有效率，能大幅縮短航行時間，也無法突破這個瓶頸。

　　之前有些任務採用較直的路線，只從火星旁邊飛過，但往往演變成災難。要進入繞行火星軌道的任務就更不容易了，而最困難的就屬實際登陸火星那個階段。登陸需要克服的重重關卡，好像都在嘲笑人類太空科技的落後與不足。

難以突破的火星魔咒

　　蘇聯早期的火星計劃就是一段災禍連連的歷史。第一個從地球抵達火星的物體是蘇聯的登陸太空船火星二號（Mars 2），在 1971 年 11 月撞毀在火星。接續任務的是宇宙四一九號（Kosmos 419），它甚至沒有脫離地球軌道，更遑論接近火星了。過了一個月，火星三號

（Mars 3）成功登陸火星，但除了登陸後的 20 秒間還有回傳訊號，之後就完全斷訊了。火星四號（Mars 4）的導航系統失靈，因此只能從火星旁邊擦過。火星五號（Mars 5）是蘇聯最成功的探測船，它在 1974 年 2 月進入環繞火星的橢圓形軌道，繞行了 22 圈，回傳大約 60 張照片後就失聯了。火星六號（Mars 6）在 1974 年 3 月抵達火星，發射的登陸艇撞毀在火星表面，在斷訊前的 4 分鐘內，它回傳了火星的大氣資料，但由於電腦晶片失效，資料並不完整。火星七號（Mars 7）也在 1974 年 3 月進入了繞行火星的軌道，但是發射登陸艇的時間提早了 4 個小時，因此沒有成功登上火星。在此之前，蘇聯已經有不少失敗的火星任務，在那之後成績也沒有起色。到了 1996 年，俄羅斯太空總署（Russian Space Agency）發射了具有軌道衛星和登陸艇的火星九六號（Mars 96），結果還沒脫離地球引力範圍就

在太平洋上空爆炸。自此之後，俄羅斯就不再挑戰這個火星魔咒了。

探測船要成功登陸火星，需要克服一個重大障礙，就是火星到地球通訊所需時間太長。地球與火星距離最遠時，無線電訊號要花 21 分鐘才會抵達火星，回傳的訊號也要花 21 分鐘。因此無人探測船必須裝置人工智慧軟體，在緊急狀況自行做出判斷，因為地球的協助緩不濟急。

不過，在 NASA 的精神號（Spirit）和機會號（Opportunity）火星探測車成功登陸後，人們很快就淡忘先前登陸計劃的黑暗歷史。最近名氣最響亮的就屬好奇號了。機會號在十多年後的今天依然在火星上正常運作，而 2014 年好奇號也在火星上探索滿 1 個火星年（接近兩個地球年），正準備進行更長期的任務。不過，這些探測車探索的範圍就沒有那麼出色了，機會號從 2004 年以來只走了大約 42 公里，好奇號在 3

年內走了 51 公里。

前進的腳步不曾停歇

　　雖然有過不少失敗經驗，NASA 成功把好奇號送上火星，證明我們可以把相當大的貨物送到火星，好奇號的成功使載人任務、運輸補給品的想法變得更實際可行。把好奇號這麼大的探測車送上火星，進步成送人到火星，在計算上只是把數值提高，需要更頻繁的運輸貨物與氧氣。SpaceX 公司正在改良天龍號，預計最早可於 2016 年載 7 名太空人飛往國際太空站。不過馬斯克最近說：「在 2017 年用它載人上太空，可能比較實際。」他開玩笑地說，目前運輸補給到國際太空站的天龍號內有部分空間是維持空氣加壓的，說不定能偷渡 1 名太空人上去。天龍號一開始的設計目標就是要能載人，而非只有貨物。

　　在沒有太空梭的情況下，俄國的聯合號

（Soyuz）太空船是人類往返國際太空站唯一的交通工具。聯合號從 1966 年開始，就由聯合號火箭攜帶升空，可以說是人類歷史中最可靠的太空船，也因為電影「地心引力」（Gravity）而廣為人知。國際太空站上隨時都接著至少 1 艘聯合號太空船，作為緊急逃生工具。俄國送 1 名太空人上去太空站的費用是 5 千萬美金，SpaceX 現在也想搶做這門生意。

2014 年底，NASA 利用三角洲四號火箭（delta IV）載著獵戶座（Orion）太空船到將近 5 千 8 百公里的高空。獵戶座的設計可以送 6 名太空人到國際太空站，或是送 4 名太空人到月球，或是更遠的地方。專門承載獵戶座的火箭正在設計階段，預計於 2018 年使用。獵戶座看起來很像阿波羅太空船，外觀就像是第二代登月交通工具。馬斯克認為，除了體積變大，他不覺得獵戶座和阿波羅有什麼不同。其他專家則辯稱，

這是降低風險的安全設計。

獵戶座的任務是探索月球，並預計在 2020 年代與一顆小行星會合。NASA 一直對於載人火星任務非常謹慎，不久前才含糊表示獵戶座的最終目的是登陸火星。不過 NASA 只說可能會在 2030 年代執行任務，沒有提供其他資訊。NASA 一直認為人類要先在月球上建立基地，掌握更多資訊與技術後，才能在火星上進行相同的任務。依獵戶座發展的速度，馬斯克和其他私人火箭專家想登上火星的時間應該能比 NASA 快許多。

現在，SpaceX 公司的天龍號和 NASA 的獵戶座目標都是載人火星任務，自《火星計劃》出版後一直存在的問題：人類能到火星上嗎？基本上已經有了答案，答案是「可以的」。我們應該問一個新的問題：人類能在火星居住嗎？答案也是「可以的」，不過可能就像馬斯克說的：「不簡單。」

4

棘手的問題

　　即使現在已經距離登陸火星剩不到 20 年，還是有很多人不看好這項任務。從事太空領域事業的人常說，我們應該先在月球上建一個練習用的基地；更悲觀的人則說，在火星上打造人類可居住的環境難如登天。事實上，登陸火星的這條路的確充滿荊棘。所以現在讓我們先暫停一下，認識一些最常被提出的問題。

問題 1：一小群人承受巨大的壓力、在極度受限的空間中居住 9 個月，不會開始互相殘殺嗎？

　　關於這個問題，我們可以從歷史找到解答：想想第二次世界大戰期間，士兵在潛水艇中度過的那些日子。再者，人類心理學方面的知識已有大幅的進展與突破，利用心理學專業知識挑選適合火星任務的人選，並不困難。我們很擅長挑選適合開民航機的飛行員、海軍海豹特種部隊的成員，以及其他專業領域需要高智商、在高壓環境中保持判斷力的關鍵人物。太空系統研究員安奇羅・凡木倫（Angelo Vermeulen）曾帶著一群太空人，在夏威夷的島上進行 4 個月的模擬火星生活。凡木倫說：「整個任務最關鍵的環節就是挑選成員。我們需要足夠的技術背景及良好的心理素質。其實集合一群人，讓他們面對高難度的挑戰，只需 1 個星期就知道這個團隊會不會發生問題。團隊能否順利運作，通常在一星期內就能看出來。當然，我們無法保證在更長程的旅途中會不會發生其他狀況。但是團隊成員在一開始喜不

喜歡彼此、適應能力強不強，往往已經決定任務
能否成功。」

問題 2：登陸火星預計要花費 50 億美元，在火
星建立小型基地要花 300 億美元，誰願意付錢？

　　馬斯克以行動回答了這個問題。他宣布，在
登陸火星的火箭發射之前，不會讓 SpaceX 公司
上市。登陸火星的火箭會比 SpaceX 預計在 2015
年底或是 2016 年初發射的下一代重型鷹隼
（Falcon Heavy）火箭還要巨大，它會具有 27 具
引擎，第一節火箭的推力會是 SpaceX 目前鷹隼
九號（Falcon 9）火箭的 3 倍。換句話說，在還
沒確定能上火星之前，馬斯克不想讓公司受投資
人影響。他承認：「第一次的任務將會非常昂
貴。」但他也預測，之後的任務將會由前往火星
的人自己出錢。就像馮布朗所說的，火星之旅只
需花費「每年國防預算的一小部分而已」。

問題 3：我們的安全措施能讓任務成功的機率達到 95％嗎？

大導演兼探險家詹姆斯・柯麥隆（James Cameron）最近才創下載人潛水艇深潛馬里亞納海溝（Mariana Trench）的新記錄。他說，如果設計探險機具的人已經仔細處理了所有已知且明顯的問題，那麼意料之外的問題雖然不可避免，應該也可以克服。

問題 4：太空人長期處於無重力環境中，骨頭會散掉嗎？

目前為止，無重力狀態依然是最大的挑戰之一。馮布朗建議用纜繩將太空船艦隊連接在一起互繞旋轉，在旅途中產生人造重力。另外，也可以設計環狀的太空船，靠旋轉產生重力。不過我們要記得，火星之旅所需的時間只比太空人停留國際太空站的平均時間多兩個月。2015 到 2016

年間，美國的凱利（Scott Kelly）上尉和俄國的
太空人柯尼克（Mikhail Kornienko）將在國際太
空站停留一整年，到時候我們就會知道長期太空
任務對人體的影響。火星重力只略高於地球重力
的三分之一，不過科學家預測這已經足夠讓人類
生存。除此之外，最近研究指出，許多物種在新
環境的演化速度比我們想的快。火星上的生物族
群可能只需幾十世代就能適應較低重力了。

問題 5：太空人生病了怎麼辦？

很久以前，登山和航海環繞世界的探險家就
知道，探險隊裡一定要有懂得緊急醫療的人同
行。不過，從獨自一人環繞地球一周的航海家經
驗就知道，大部分的醫療問題只要有齊全的醫療
急救箱，加上適當的訓練，就足以應付。當然太
空旅行不比航海，探險者生重病，甚至死亡的可
能性仍是存在的。

問題 6：那輻射線的問題呢？

這的確是很大的問題。最強大的恆星輻射來自太陽日焰（solar flare）和日冕團塊噴射（coronal mass ejection）。目前我們沒有消除太陽輻射和宇宙輻射的技術，但我們能為太空船設計特殊防護罩，以及能遮蔽日焰輻射的防護空間，同時太空船內也會建置輻射警報系統，讓太空人有充裕的時間抵達防護空間，直到日焰結束。馬斯克曾建議用水作為輻射隔絕材料，另外還有其他偏折或是吸收輻射的策略，但火星上的太空人還是會接受到比地球上高出許多的超標輻射劑量。NASA 目前正在評估在不妨礙任務執行的前提下，提高太空人接受輻射的上限。火星的大氣稀薄，也沒有磁層（magnetosphere）和范艾倫帶來阻擋輻射，因此人類在火星上生活的大部分時間都必須待在有屏障的環境中，或是地底下。

登陸火星的太空船實際進入發展階段之後還

會陸續出現其他問題，我們只能一邊前進，一邊尋求新的解答。

想像火星生活……

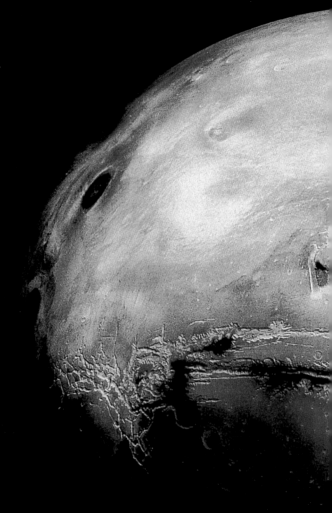

火星的北半球上有許多滿布沙子的平原，沙子成分含有氧化鐵。崎嶇的水手谷（Valles Marineris）鄰近赤道，深約 8 公里，長度則相當於美國。

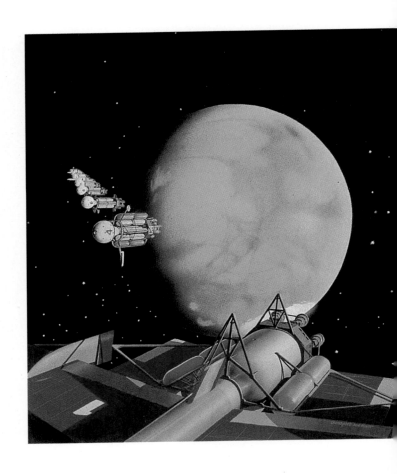

上圖：1954 年，《柯利亞雜誌》的封面繪圖激起
了大眾對於太空旅行的興趣。

右頁圖：這是在 1954 年由雜誌畫家所描繪登陸火
星的場景，主要是根據前德國軍官，後來的火
箭科學家馮布朗的研究所繪製而成。

右頁圖：好奇號在鑽取溫迦那（Windjana）沙岩層時，照了這張由很多張小照片拼出來的自拍。

下頁圖：火星沙丘上的好奇號軌跡。

上圖：酷龍號是 SpaceX 公司下一代的太空船，
能夠承載 7 名太空人，預計加入 NASA 的「商
業機員計劃」（Commercial Crew Program），
在 2017 年升空。靈感火星基金會的迪托計劃
使用酷龍號，執行為期 580 天、由一對夫妻繞
行火星的計劃。

左頁圖：SpaceX 公司的天龍號，可以載人和貨物
上地球軌道。該公司的 CEO 馬斯克的心中，還
在構想著能夠飛往火星，更大、更複雜的太空
船。

上圖：照片中的是鷹隼九號火箭，它和天龍號在過去 3 年已完成 6 次往返國際太空站的運貨任務。目前還在發展階段的重型鷹隼，將會是最強大的現役火箭，能執行載人任務到月球、甚至火星。

右頁圖：鷹隼九號火箭升空，其中第 1 節火箭含有 9 個 SpaceX 公司設計的梅林引擎（Merlin engine），其中就算有 2 個失靈，火箭依然能夠完成任務。

下頁圖：2012 年，SpaceX 公司的天龍號首度接上國際太空站。證明了私人公司也能完成以往只有政府才能完成的先進太空事業。

右頁圖：這個寬約 800 公尺的維多利亞隕石坑（Victoria Crater）含有豐富的地質資料，NASA 的機會號探測車在坑內花了近 1 年的時間探查裸露的岩層。從發現的證據指出，很久以前，複雜的地下水網路型塑了火星的地貌。

上圖：NASA持續追蹤觀察圖中的火星沙丘每季、甚至每年的變化，沙丘丘頂相隔可達 1 公里。

右頁圖：風把隕石坑中的沙丘吹成 V 字型，看起來像是遷徙中的候鳥。

下頁圖：名字充滿神秘氣息的諾克提斯迷宮（Noctis Labyrinthus）地區，地貌崎嶇不平。明亮的山脊周圍是深色的沙丘，會因為風吹而在星球表面上移動，深沉的顏色來自於富含鐵的火山岩石。地球的沙丘因為富含石英而呈白色。

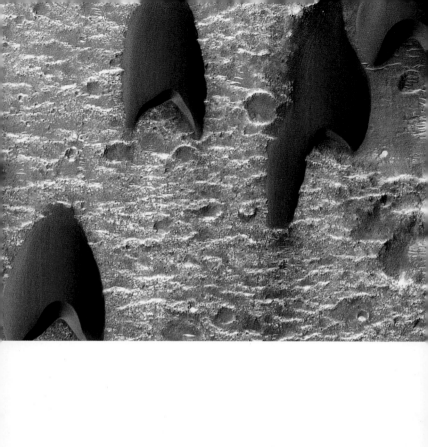

右頁圖：火星北極的冰帽中大部分是冰，清楚證明了這個星球含有生命所需的液體（雖然是結凍的狀態）。

下頁圖：這個隕石坑有 35 公里寬，靠近火星北極，其中有冰形成的湖。

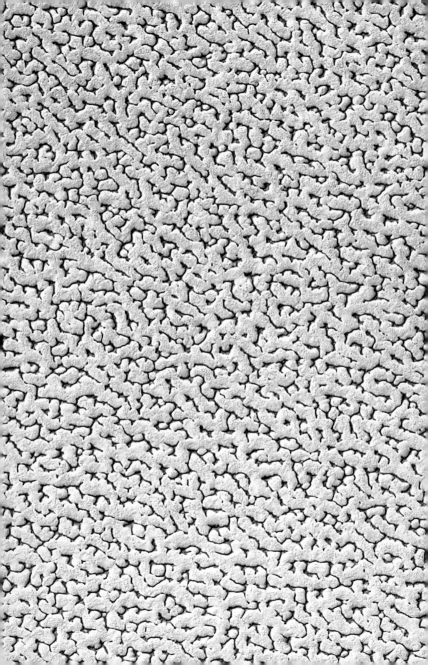

上頁圖：這個寬兩公尺多的鐵隕石，稱為「黎巴嫩」（Lebanon），好奇號在 2014 年 5 月 25 日發現了它。

右頁圖：圓周分明的採樣洞口周圍有著像是貓沙的東西：這裡含有膨潤石，是貓沙的重要原料。富含膨潤石的土壤能夠吸收大量水分，適合植物生長。

上圖：火星上的夏普山（Mount Sharp）有著堆積岩層，訴說著火星長久以來的地質歷史。

左頁圖：火星上佈滿白霜的小峽谷。這些白霜主要是乾冰，也有一些是冰。這是火星上有水的另一個證據。

下頁圖：在火星暮空左半邊的小白光點，就是我們的地球。

上圖：波形沙壁（draa）是火星上由風造成的最大的砂質地形，需要數千年才能夠成形。每個波峰之間的距離可超過 800 公尺，這裡的光影使它的輪廓線特別明顯。

5

火星經濟

　　如果無法以經濟的方式到達火星，人類最後就不會在火星住下來。有趣的是，馬斯克認為「成本」決定了火星移民的可行性，而不是其他環境面的阻礙，像是沒有人類可呼吸的空氣、危險的輻射線，以及能否取得水等挑戰。

　　2012 年末，馬斯克在倫敦的皇家航空協會（Royal Aeronautical Society）演講，主題是火箭科技，特別聚焦馮布朗在 1952 年提出的「可重複使用」火箭，他認為重複使用火箭能大幅改變太空旅行的經濟效益，這會是人們能否移居火星的

決定性因素。

　　SpaceX 鷹隼九號發射 1 次的成本是 6 千萬美元，其中燃料費只占 0.3%。馬斯克說：「如果鷹隼九號可重複使用 1 千次，那麼發射 1 次的成本將會從 6 千萬美元降到 6 萬美元，產生超級可觀的價差。」雖然鷹隼九號太小，連 1 個太空人也無法容納，但是馬斯克點出了重點：如果火箭可以重複使用，將能大幅節省成本。如果要在火星上建立自給自足的文明，就會需要巨型火箭，那時候能重複使用的火箭將會扮演關鍵角色。

　　如果火箭無法重複使用，馬斯克認為人類無法負擔這樣的成本，因為「兩者的差異就等於所有 GDP 和 GDP 的 1%。」他也補充：「我想多數人都會同意，就算他們自己不想去火星，如果只需花費 0.25% 到 0.5% 的 GDP 就能在另一個行星上建立文明，應該還算值得一試的投資。這就像是生命的壽險，那些花費是合理的保險費，就算

沒有親身參與，作為旁觀者也能躬逢其盛。就像
人類登陸月球，事實上只有少數人真的登上月
球，但某方面來說，那些人是代表全人類登月
的。我想多數人會認為登陸月球是好事。當人們
回顧歷史，看看 20 世紀發生了什麼好事，登陸
月球應該排在前幾名。所以我認為，雖然有些人
不會上火星，這依然是非常有價值的投資。」

全人類的壽險方案

　　演講進行到問答時，馬斯克有時表現得比較
像是成功航空公司的 CEO，而不是正在發展階
段的火箭公司主持人。他認為，如果經濟上負擔
得起，會有不少人想報名前往火星，SpaceX 公
司可以賣票獲利，單程收費 50 萬美元。最近他
又說：「票價有希望低於 50 萬美元，但是不會差
太多。」

　　馬斯克想像的典型火星移民是四十多歲的

人，身家至少有 50 萬美元，他們很可能不喜歡自己的工作，於是決定賣掉所有財產，買一張 SpaceX 公司的火星單程票，還能留下足夠的錢在新的星球上做點小生意。

馬斯克在倫敦演講的問題回答時段中說：「在火星當然需要花一筆錢建立基礎設施，這是建立基地所需的成本。就像是英國初期在北美的殖民城市，一開始會花很多錢，而且你不會想住在像詹姆斯城（Jamestown，位於美國維吉尼亞州，英國殖民北美的最早期據點）那樣的早期殖民城鎮，那不是個適合生活的好地方。在完整建立經濟體系之前，大家必須花特別多的心力建立基礎設施。所以我們必須投資、募集資金才能完成這些事。不過，一旦有了定期航班，成本有機會降到 50 萬美元上下，我想會有夠多的人買票，可能有些人會決定賣掉地球上的財產，舉家移居火星，這樣就能建立合理的商業模式。我們

不需要很多客人，地球上現在有 70 億人，本世紀末可能達到 80 億人。整體來說，世界變得更有錢，我認為 1 萬的人中只要有 1 個人決定要去火星就夠了，甚至 10 萬人中有 1 人也成。」

用馬斯克最小的估計值，也就是每 10 萬人中有 1 人決定前往火星，這樣算起來火星殖民地將會有近 8 萬居民，和地球上小型城市的人口差不多。這個估計值看起來有點太過樂觀，不過馬斯克在回答聽眾的問題時說道：「預測當然都是不精準的。但如果你在飛機剛問世的時候，隨便問一個人對航空業市場的預測，對照現在的結果應該會相差甚遠。我們通常都會低估發展的可能性。飛機剛出現的時候，那時最樂觀的人在現在看來，可能是最悲觀的。」

馬斯克提出的火星殖民者號火箭原型（Mars Colonizer）是兩段式的：第一段的噴射引擎用來脫離地球重力。第二部分是太空船，由上節火箭

和太空艙組成。鷹隼九號的上節火箭和太空艙是分開的，但火星殖民者號則會是一體式設計。載有噴射引擎的第一節會把太空船送到地球軌道的半路，由上節火箭負責剩下的旅程。地球軌道上會備有儲藏槽，為上節火箭添加燃料。

規模移民

其實，馬斯克想像的火星社群不只是 8 千人規模的城市，他的構想是 8 千個人一起前往火星。他在訪問中談到：「我們在設計的不是把少數人送到火星的系統，而是設計火星殖民地的交通系統。系統一旦完成，人類就能在火星建立自給自足的殖民地。這會是非常龐大的系統。想像一下，我們如果能在 2030 年完成這個系統，從 2030 年到 2050 年間，將會有 10 次軌道交會。也就是說在 2050 年後，火星就會有 40 萬到 50萬居民。」

　　大批的火星移民將在地球軌道上集合，馬斯克稱這些前往火星的太空船為「艦隊」。他指出：「要建立殖民地，就得一次讓很多艘船同時出航。樂觀的預測是每兩年送一批船隊，而且整個艦隊要在一兩天之內全部啟程。」首航可能只有一兩艘太空船，但馬斯克說：「最後可能有數百甚至數千艘太空船。要建立數百萬人的殖民地，就必須這樣做。每兩年就送 8 萬人出發前往火星。」

　　對馬斯克來說，英國人殖民美國的比喻非常適合用在火星移民任務，他說：「拿美洲來說，當初從歐洲出發的船有幾艘呢？只有一艘。但如果你把畫面快轉到 200 年後，每年有多少船從英國開往美國？答案是數千艘。去火星也會是這樣。新世界處處是希望，火星上可能也是如此。」

　　馬斯克相信最後會有數百萬人想前往火星，

而根據目前申請類似「火星一號」計劃的人數，
馬斯克很可能是正確的。不過，他沒有想要擔任
哈默爾恩的吹笛手（Pied Piper）[1]這樣的角色。
馬斯克說：「重點不是我想做什麼，而是大家的
目標是什麼？我不知道世界接下來會如何變化，
也不知道 SpaceX 公司那時候會如何，」但他也
補充：「我們正在設計的系統能讓想去火星的人
如願。」他認為在 2050 年前，每次的軌道交會
都會有數萬人加入遠征行列。

　　讓我們把進度拉回來一點。在移民先驅出發
前往火星定居之前，有些人必須成為首次踏上火
星的探險者。其他與馬斯克不同的火星計劃指
出，人類能登陸火星並成功停留之前，有兩個問

1　典故來自德國民間故事「花衣魔笛手」（*Rattenfänger von*
　　Hameln），哈默爾恩的村民雇用魔笛手把村裡的老鼠帶
　　走，事成之後卻反悔不給報酬，於是遭到魔笛手報復，
　　用同樣的方式把村子裡的小孩引誘帶走。

題必須先解決：找到適當的登陸與居住的地點，以及先把大量的生存補給品從地球送過去。理想的狀況下，機器人會負責載人任務之前的補給品運輸任務，並且維護居住環境。

「火星一號」的提案

火星一號任務中提出了這樣的計劃：太空人登陸前，先進行補給任務，把貨物送上火星，然後利用漫遊車建立居住系統。這其中會牽涉到的技術困難非常多，包括讓貨運太空船降落的專門技術、安排機器人組裝貨物、搬運貨物，需要重組的太空艙與充氣囊數量非常多，這些工作雖然不是不可能，卻也是困難重重。火星一號計劃要在 2025 年完成這些事情，以目前的狀況不太可能如期完成。

火星一號的計劃看來需要使用 SpaceX 公司的酷龍號，酷龍號預計在 2017 年開始接送太空

人到國際太空站。這項計劃顯然也需要 SpaceX 公司的重型鷹隼火箭。重型鷹隼火箭已發展了數年，是 SpaceX 公司平常使用的鷹隼九號的加強重型版：重型鷹隼配有兩個鷹隼九號的第一節火箭，載重量是鷹隼九號的 4 倍，可達 110 萬公斤，雖然推進力只有馮布朗農神五號火箭推力的一半，重型鷹隼已經是目前地球上推力最強大的火箭。SpaceX 公司已經和客戶簽訂合約，預計接下來幾年用重型鷹隼承載發射，但試飛時間卻一直往後延。NASA 在 2011 年所提出的「紅龍計劃」（Red Dragon）就需要用重型鷹隼火箭和天龍號來進行低成本火星探鑽任務，不過這項計劃一直都沒有確定。

火星一號計劃的時間表已經公布在網站上，預定在 2022 年把貨物送到火星，然後自 2024 年起，每兩年送 4 個人上火星。該網站的主頁目前有 6 個類似天龍號的太空船在火星地表上一字排

開，每個太空艙之間有連通管道。許多火星登陸
計劃的狂熱分子，例如火星協會創辦人祖賓等
人，在數年前就已經提出這種模式了。火星一號
計劃需要 SpaceX 公司的大量協助，網頁上寫道
他們已經「拜訪」了 SpaceX 公司，也收到表示
有興趣合作的回函，但是火星一號和 SpaceX 公
司之間一直沒有正式協議，馬斯克也沒有把握重
型鷹隼能用在火星之旅。他設定的火星殖民者火
箭推力應該會是「重型鷹隼的 3 倍，農神五號
的 2 倍」。同時，天龍號和重型鷹隼有其他更高
優先權的客戶，都排在火星一號計劃前面。

　　2014 年，火星一號計劃募得了 60 萬美元，
這個金額還不到要用鷹隼九號把天龍號發射到低
地球軌道所需費用的 1%。火星一號計劃預計對
太空人職位申請者進行收費，累積下來應該會有
數百萬美元的資金。他們也想要出售播出權，在
合理推測之下，火星之旅應該會成為史上最受歡

迎的電視實境秀之一。不論如何,火星一號的執行總裁藍斯多普說,送第一批人上去火星需要 60 億美金,而他們目前距離目標還很遙遠。目前為止,火星一號計劃還只是一個樂觀的團體,還沒有籌到足夠實現夢想的資金,其他類似組織的計劃也同樣處於發想階段,規畫尚不明確。

相較之下,馬斯克雖然甚少透露自己的計劃內容,但是當他宣布 SpaceX 公司要把人送上火星,而且預見未來會有百萬人民移居火星,這預測遠比多數人想像的還要大膽,卻意外具有說服力,因為馬斯克完成過不可能的任務。

首先,馬斯克創立的特斯拉徹底顛覆了 110 年的汽車工業史。特斯拉剛成立的時候受到許多嘲笑,那些人認為至少要再等 50 年,電動車才有可能普及。但就在兩年後,特斯拉 S 型上市,目前約有 7 萬輛電動車在路上奔馳。特斯拉車主

能夠輕鬆往返美國東西岸，或沿任何海岸駕駛電動車，根據特斯拉汽車公司的資料，車主能在特斯拉 174 座充電站免費「加油」。如果你家有裝太陽能電池板，陽光就是車子的燃料。各地有越來越多大賣場和停車場裝設電動車充電站，而且許多還是免費的。電動車的流行突如其來，馬斯克已經準備好在 2020 年前，每年製造 50 萬輛電動車，福特（Ford）、豐田（Toyota）和通用汽車公司（General Motors）都努力搶進，在這些公司趕上之前，特斯拉將推出大眾都買得起的電動車。10 年內，傳統內燃機引擎汽車很有可能會變成「能量轉換效率極差的古董交通工具」。

　　馬斯克在 SpaceX 公司所進行的事情也是一樣：徹底改變我們探索太空的方式。

　　馬斯克的大膽計劃，以及 NASA 承諾將用「獵戶座」系統送人登陸火星，刺激了其他從事太空活動的國家加入這場登陸火星競賽。2016

年，歐洲太空總署（European Space Agency）將會和俄國聯邦太空總署（Russian Federal Space Agency）合作，發射繞行火星的衛星。這並非歐洲太空總署的首度火星任務，他們在 2003 年就把「火星快遞」衛星送過去了。這個衛星將會分析計算火星大氣中的稀有氣體含量。在 2018 年，這兩個機構計劃合作把探測車送到火星。俄國也在評估建造能和 NASA 太空發射系統匹敵的巨大火箭，可想而知，該系統的任務應該會在 2030 年前後執行火星載人計劃。同時，中國也宣稱要在 2020 年把類似登月的探測車送上火星。

6

火星上的生活

人類在地球上生存有 4 個必要條件：食物、水、居所和衣物，在火星上則有 5 個條件：食物、水、居所、衣物和氧氣。成功取得這些資源，人類才能成為星際種族。

水的困境

人腦缺氧 4 分鐘後就開始受損，缺氧的死亡時間大約是 15 分鐘。在火星上找到氧氣幾乎是不可能，我們必須自己製造氧氣。如果找得到水的話，就可以利用水來製氧。製造氧氣的方法有

很多種，包括單純的電解法，也就是在水中通電。因為可以作為製氧的原料，水就成為人類在火星生存的最重要條件，況且我們不可能從地球運那麼重、那麼大量的水上火星。如果火星上沒有水，人類在火星生存就真的是天方夜譚了。

多年前，當各式各樣的火星計劃還只是紙上談兵時，NASA 做出了一個重要決定：跟著水的足跡走。當時的目標不是火星殖民，而是尋找外星生命。沒有水，就沒生命。現在回頭來看當然有點諷刺，NASA 尋找火星生物的堅持，成就了完全不同的一條路：火星上可以有生命，就是我們人類！

集合各個探測船收集到的資料，包括好奇號、火星偵查軌道器（Mars Reconnaissance Orbiter）、火星奧德賽號（Mars Odyssey）、火星快車號（Mars Express），甚至在 1970 年代就登陸火星的維京號（Viking）等，我們可以確定一個

事實：火星上有水。不過，一直要到 2008 年鳳凰號（Phoenix）在火星北極的冰帽上登陸後，才完全確定火星上的確有冰凍的水，在火星的土壤（表岩屑）中也發現了冰。

雖然火星的表面積只有地球的 28％，不過陸地面積與地球很接近，因為地球表面約 7 成被海洋、河流和湖泊等水體覆蓋，而火星上沒有任何地方被水覆蓋著。火星表面上可能存有超過 250 萬立方公里的水，但是幾乎都是以冰的形態封存，因此火星上的水要在特殊的大氣狀況下才有機會出現。除非火星大氣的密度增加、地表溫度提高，不然很少會有液態水出現。

許多冰封存在火星的北極與南極，有些埋藏在乾冰層之下，如果這些冰全部融化，火星地表可能會覆蓋在數百公尺深的海洋之下。從地質研究來看，以前的火星藏水量可能更多。火星地表有數萬條河谷和許多大型湖泊的沉積地形，表面

最多曾有三分之一的面積被海洋覆蓋。火星赤道附近巨大的埃律西昂平原（Elysium Planitia）有一部份很可能曾經是含有許多碎冰的海洋，大小和地球的北海相近。

火星上冰的含量可能很豐富，但是各界對表岩屑中的冰含量卻有很大的歧見，估計範圍從1％到60％都有。火星的地表下有許多小面積的冰湖，這些冰湖多集中在赤道附近，它們將會是早期火星移民很珍貴的資源。

以前在火星地表流動的水，有可能因為火星大氣變得稀薄，而蒸發到太空中。現在圍繞著火星運轉的探測船「火星大氣與揮發物演化任務」（MAVEN, Mars Atmosphere and Volatile Evolution）告訴我們許多相關資訊。火星上大部分的水可能在地底下，以固態形式藏在表岩屑中。如果水資源代表「財富」，那麼火星移民可算是相當富有。如果火星真的像望遠鏡或是早期衛星觀察的

那樣，是乾燥的無水之地，地球人可能只好把移民希望寄託在另一個更奇特的星球：金星。

　　我們已經證明在火星找到水並不困難，但是對早期移民來說，挑戰在於如何得到液態的水。最大的問題是，我們需要耗費多少能量才能得到水。火星上大部分的水都以固態形式和表岩屑混合在一起，材質像是堅硬的永凍土，需要用鑽頭才能鑿開，所以可能需要露天採礦的技術，以及許多耗能的大型機具。如果火星移民一開始能找到由純水形成的小冰湖，就可以省去不少麻煩。

　　最好的情況是找到藏在地底的液態水。許多人推測液態水可能沉積在火星地表深層，但是目前無法證實。第一批太空人至少需要鑽洞到特定深度，才能確定地層中是否存有液態水。在火星地表鑿井並非火箭科學，但是將會需要專門的機具，包括加熱爐和蒸餾設備，否則鑿井將會形成冰柱火山，因為水才剛冒出地表馬上就結冰了。

　　另一種方法是，由太空人開鑿地表的表岩屑塊。前期的運輸任務應該會送小型的推土機和卡車到火星地表，提高每位火星移民的工作效率。太空人可以把鑿下的表岩屑塊放到烤箱中加熱，把混在表岩屑中的冰變成蒸汽，透過蒸餾過濾，再形成液態水。火星移民對水的需求量將會很大，而製水過程又需要大量的能量，除了太陽能電池板，可能還需要用到小型的核子反應爐。

　　火星生活初期所需要的東西，幾乎都不是隨處可得的工具，必須由地球補給。就像馬斯克的特斯拉電動車，火星上使用的任何工具和儀器，都需要經過仔細的思考與設計。比如說，萬一太空人鑽井進行到一半突然發現需要特製的鑽頭才能鑿穿某種堅硬的礦層，如果事先沒有考慮到這個可能性，就無法順利得到液態水。所以，必須設想好各種突發狀況，火星生活才能成為合理的預期。

　　如果第一批上火星的太空人很不幸地，即使經過百般嘗試還是無法從表岩屑、鑿井取水，也沒發現冰塊，該怎麼辦？還有一個不錯的備案。NASA 的維京號在 1976 年安全降落在火星地表，是最早登陸的探測船。維京號回傳的資料顯示，火星的大氣雖然稀薄，卻很潮濕，濕度經常達到 100%。美國華盛頓大學在 1998 年發表的論文中，設計了一種水氣吸收裝置（Water Vapor Adsorption Reactor, WAVAR），能夠從火星的大氣中吸收足夠的水，維持人類生存。論文指出：「火星的大氣非常特殊，是包覆整個星球的水資源，雖然火星的大氣與地球大氣相比是乾燥的，但是火星的大氣每天都吸飽了水分，在幾乎所有緯度與季節中，夜間的相對濕度是 100%。」

　　水氣吸收裝置利用沸石（zeolites）這種地球上常見的天然礦物來吸水（工業常用沸石吸收空氣中的水分，達到除濕效果）。水氣吸收裝置的

論文說明這個過程很簡單：首先，空氣被過濾灰塵的風扇吸到裝置中，過濾後的空氣通過吸收層，留住空氣中的水分。吸收層飽和後，水就會凝結、由管線送到儲存區。這樣的系統只需要 7 個部件：濾網、吸收層、風扇、集水裝置、吸收層旋轉器、水凝結器，以及啟動控制系統。為了使任務所需的物質盡可能精簡，他們提議用運輸船提早兩年把水氣吸收裝置送到火星上開始集水，供後來抵達的太空人使用。

很明顯的，如果火星的水資源狀況真如我們想像，人類是有希望在上面生存的。

氧氣問題

接下來是氧氣的問題。太空衣裡面的氧氣如果用盡，太空人就只能吸到原本自己呼出的二氧化碳，過一陣子就會失去意識，然後死亡。人類呼吸的空氣中，二氧化碳占比最高只能到 5%，

而且只能維持非常短的時間，二氧化碳濃度過高時人會陷入昏迷，是人類漸漸演化出的一種防禦機制。

就這方面來說，火星的環境似乎非常嚴峻，因為火星大氣成分幾乎沒有氧氣。根據好奇號在 2012 年得到的數據，火星大氣中有 2％是氮氣，有 2％是氬氣，95％是二氧化碳，只含有非常微量的一氧化碳和氧氣。這些數據會隨季節不同有少許的變化，因為冬季時有些氣體會在兩極凝固，春季才被釋放出來。雖然火星大氣中的氧氣占比不到 1％，但因為含有大量的二氧化碳，氧原子的總和其實很多。二氧化碳就重量來看，碳占了 28％，氧占 72％。火星大氣中二氧化碳占了 95％，就重量來看，氧占了 70％。就算火星大氣的密度只有地球的 1％，還是有很多氧原子存在。

水中含有更多氧氣，水中的氧占水分

子89％的重量。大家都知道我們可以用電解的方式分解水，製造氧氣。只要把兩根電極放到水槽中，讓電流通過水，陽極可以收集到氧氣，水槽另一邊的陰極則可收集到氫氣。氫氣是很好用的燃料，也可用於發電。美國幾乎每個高中生都曾在化學課操作過類似的電解過程。此外，電解還有另一個好處：氫氣和氧氣分開之後，能夠成為理想的火箭推進原料。電解唯一的問題是它需要消耗很大量的電力。

好險 NASA 已經著手在解決氧氣的問題了。接替好奇號的探測車會於 2020 年升空，攜帶一種能夠將火星大氣中的二氧化碳轉換成氧和一氧化碳的「火星氧氣就地資源利用實驗儀」（Mars Oxygen In-Situ Resource Utilization Experiment, MOXIE），製氧原理和電解水類似，是把高溫陶瓷置放在空氣中。NASA 的賀希特（Michael Hecht）是 MOXIE 計劃的首席研究員，也是麻省

理 工 學 院 海 斯 塔 克 天 文 台（Haystack Obesrvatory）的副主任。他說：「陶瓷表面能催化氧離子生成，而通過陶瓷的電流能夠選擇性的分開這些氧離子。」NASA 對於 MOXIE 製氧機的最低目標，是製造出能夠讓人呼吸的氧氣，以及證明我們能夠製造火箭燃料的氧化劑。比起氫氣和甲烷之類的火箭推進劑，氧氣重多了，因此 NASA 很希望能在火星上製氧，供回程使用。如果火星之旅不需攜帶回程所需的燃料，效率將可大幅提昇。

　　裝載在下一部探測車上的 MOXIE，在標準溫度和氣壓下，每小時只能製造約 15 公升的氧氣。看起來好像不多，但其實人類每分鐘只需吸收 5 到 6 毫升的氧氣。賀希特說：「如果火星上的人類不從事劇烈活動，MOXIE 可持續提供一個人所需的氧氣。」如果 MOXIE 的運作順利，NASA 計劃打造效能相當於百倍 MOXIE 的製氧

工廠，將會需要用小型的核子反應爐供電。

賀希特說：「MOXIE 是 1％大小的未來製氧工廠模型，這個工廠能讓載人計劃成行。概念是先製造 1 個含有核子反應爐和氧氣工廠的自動工站，工廠運轉 26 個月之後，確定氧氣槽已裝滿、反應爐也正常運作，再送人登陸火星。」

在地球上，人類呼吸的空氣中有 78％是氮氣、21％是氧氣。雖然人類可以呼吸包括氦氣和氧氣的混合氣體，但無法呼吸由 20％氧氣和 80％二氧化碳組成的混合氣體。和氧氣混合的氣體必須是惰性氣體，例如氦氣或氬氣。氮氣通常不被認為是惰性氣體，但是兩個氮原子之間的鍵結非常強，因此氮氣不容易和其他分子產生反應。

食物問題

人類要在火星生存，另一項必需品是食物。

世界各地都有高度發展的農業技術，包括美國，因此有許多博士候選人多年來致力於研究在火星上種植作物的方法。不論早期移民者願不願意，他們都得成為素食者，因為養殖食用動物不符合經濟效益。如果第一批移民先驅在赤道附近登陸，白天的溫度可以讓移民用充氣式溫室種植作物。因為夜晚溫度會驟降，這些充氣溫室必須有良好的隔熱功能，並且結合被動式太陽能科技（把吸熱石材放在陽光下曝曬一整天）以及電熱器。植物也會需要比火星上更濃密的空氣才能成長。典型的火星日 1 天大約有 12 小時的白天和 12 小時的夜晚。個別溫室內所需的氣壓皆不相同，但根據植物學家的推測，火星移民應該能在十分之一地球大氣壓力下種植作物。我們從國際太空站上進行的實驗可知，植物能夠在零重力的狀況下生長，但是沒人知道只有地球 38％ 的火星重力，對植物會產生什麼影響。

　　我們已經掌握不少關於火星表岩屑的資訊，表岩屑有潛力成為優良的土壤，當然還要考慮研究樣本是從哪裡被挖起來的，不見得每個地方的表岩屑都能成為土壤。由探測車採集的樣本以及隕石得到的分析結果指出，火星表面上有一種稱為膨潤石（smectite）的黏土，在地球上也很常見，通常是貓砂的原料。這種黏土能吸收大量水分，也適合栽種植物。不過，火星的土壤可能太酸或是太鹼，因此要得到適合栽種的土壤，還需要調整酸鹼值，並且增添氮肥之類的營養素。如果水源充足而且能維持液態形式，使用水耕法（不用土，而用含氮豐富的水）栽培作物將是最可行的方案。

　　生物學家兼藝術家凡木倫曾在火星模擬環境中居住了數月，他說：「我不相信溫室會有效，火星上日照不足，而且輻射線太強。火星的明信片上如果有溫室，看起來或許不錯，但是並不實

際。」凡木倫的想像是埋在地底下或安置在地底岩漿洞穴中的水耕生長間，才能擋掉太陽輻射。凡木倫說：「在火星種植作物，全看對環境的控制，我們必須精細地調節種植環境，像是 LED 燈的頻率、光照強度、水耕的水分和營養素成分等都要有嚴密的調控，才能確保收成。」

　　雖然早期火星移民必須設法降低大氣中高比例的二氧化碳，但高濃度二氧化太或許能讓植物長得更快、產量更多。凡木倫說：「我們可以實驗二氧化碳的濃度，看什麼濃度對植物生長的效果最好。」火星上的日照總量約為地球上的 6 成，火星上的正午時間，每平方公尺有 600 瓦的日照，地球上則是 1 千瓦。火星中午時間接收到的陽光相當於地球上太陽西沉，約在地平線上仰角 35 度的位置。火星的陽光可能感覺像是冬天的米蘭、芝加哥、北京和札幌等城市的陽光。

　　火星上種植空間狹小，因此要盡可能種植高

營養價值的作物。豆類蛋白質含量高、纖維多，可能會成為火星飲食的一部份，不過實際上要種植哪些作物、還有栽種的比例，目前還沒有定論。人類無法食用的植物剩餘部分可以製成堆肥、培養蕈類。如果由凡木倫來設計火星飲食，菜單還會包括昆蟲，他說：「昆蟲應該成為太空人飲食的一部份。蚱蜢、蟋蟀口感爽脆，又富含蛋白質。我也喜歡乾燥的麵粉蟲（mealworm），曾經把炸麵粉蟲放到沙拉裡。」

萵苣和其他葉菜類將會是很重要的奢侈品。凡木倫說：「萵苣並不是理想的火星作物，因為其營養價值低且體積大，但是萵苣的口感鮮脆，可以讓人產生滿足感。」

凡木倫不解，為何到現在還有人以為太空人的食物是從牙膏管中擠出來的糊狀物。他說：「太空人當然會想吃能撫慰心靈的食物，而且會想要共享佳餚。在國際太空站上，太空人曾要求

把被撤走的桌子回歸原位，因為他們想聚在一起吃飯。人們需要故鄉的回憶，和自己的文化與根源有所連結。中國與俄國的太空人想吃的食物，和美國太空人想要的也會不同。」

　　最近由荷蘭經濟部贊助的 50 天栽培實驗，雖然沒有控制重力與陽光的對照組，這座荷蘭溫室依然讓火星種植作物計劃更為樂觀。NASA 提供了來自夏威夷和亞利桑納州，質地組成類似表岩屑的泥土給荷蘭的栽培者。結果，所有埋在模擬火星土壤中的種子都成功發芽了，其中約有 4,200 棵長成植株，種類包括芹菜、蕃茄、黑麥和胡蘿蔔等，這些植物看來在類似火星的土壤中也能生長得欣欣向榮。當然，種植作物還是需要澆水。其他相關的實驗正在持續推動中，包括了加拿大在德文島（Devon Island）的實驗，以及火星協會在猶他州的溫室。

　　不論在火星上種植作物有多麼成功，初期的

收穫只會是日常飲食的一小部分。大部分的食物還是必須來自地球。凡木倫說:「我認為要 100% 種出所需的食物是不太可能的。飲食中有一成是自己種的,就是很不錯的開始了。」其中一個原因是,就重量和能量來說,溫室所需的材料與設備實在太過昂貴。談到太空之旅和外星球生活時,質量和能量決定了一切。

居所與衣物問題

在早期開拓時代,火星上的植物需要特別的屏障,人類也需要特別的保護,才能夠在火星環境中存活。

在火星嚴苛的環境中,金屬打造的太空船和膨脹式的建築並不能解決所有問題。我們需要處理兩種輻射線:太陽輻射和宇宙輻射。我們在海邊被曬傷,就是太陽輻射造成的,來自太陽、含有能量的粒子會穿越地球的大氣層。宇宙射線則

來自太陽系之外，能量比太陽輻射高得多，因此
也更危險。地球厚厚的大氣層擋住了大部分的宇
宙射線。宇宙射線不只能夠穿過肌膚，還能夠穿
透厚重的金屬，並且能讓成電器系統陷入混亂。
宇宙射線持續來襲，由於能量過高，因此難以防
禦。住在洛磯山脈高海拔地區的人或是長期跨洋
飛行的機師，都會接受到較多的宇宙射線。暴露
在高宇宙射線的環境中愈久，無疑會提高癌症的
風險與死亡率。即使風險只提高幾個百分比，任
何輻射環境長久下來都對人體健康有害。

　　NASA 正在考慮提高太空人在長程太空任務
中所能承受的輻射量上限。火星稀薄的大氣可以
抵擋太陽輻射。不過，罕見的太陽閃焰如果直接
照射到火星，當然會對人類造成傷害。面對直撲
火星的太陽風暴，人類必須遮蔽在數公尺深的表
岩屑下或是岩石洞穴中。

　　「直達火星」計劃的祖賓精心修改了數十年

的計劃，是在火星建造圓頂的大型地下空間，形狀類似古羅馬建築，建材則是用火星表岩屑做成的磚塊。許多地下空間併排組合在一起，可以抗寒、抵擋輻射線，如果屋頂上能夠再蓋上3、4公尺厚的表岩屑，防護效果更好。

支持火星移民計劃的人說，太空人應該利用火星常見的材料來製造建設用的塑膠，還可以利用鐵、鋼和銅等金屬礦產。這些計劃在想像中很合理，但任何建設計劃都需要消耗極大的能量以及專門的設備才能完成。祖賓的想像中，太空人可利用附有剷子的小卡車挖鑿、搬運火星地表極為堅硬的表岩屑。

隨著經驗增加，火星建築的策略會與時俱進。歷史上，人類非常善於利用周圍的素材建造適應特殊環境的居所。火星上的建設也會如此，不過最早期的居所可能還是需要利用洞穴、岩石縫、岩漿洞等天然屏障，才能有效屏蔽輻射線。

在理想情況中，我們會把火星地表改造成類似地球的樣子，大氣層加厚，輻射造成的傷害相對減少。

面對輻射線與低溫，衣物對於火星移民來說非常重要。火星移民會面臨一個只能靠特製的服裝才能解決的問題：火星的大氣壓力很低。地球上的我們生活在非常厚的大氣下。試著舉起手，想像一下你每平方公分的皮膚上都壓著幾十公里高的大氣。大氣壓力在海平面每平方公分約有 1 公斤重。我們的體內一直有壓力往外推，抗衡外在的大氣壓力。然而，火星上的大氣壓力不到地球的 1%，如果沒有穿上增壓服裝，平衡身體內外的壓力，人恐怕都活不長。不同於水、氧氣、食物，甚至居所等問題，壓力問題只能靠隨時穿著加壓服裝解決，否則就只能在調整過壓力的空間中活動。

紐曼（Dava Newman）是麻省理工學院的太

空工程學教授，她正在研究「星際移動」所需的
非加壓、有彈性又輕盈的太空裝。她說：「從生
理學的觀點，我們只需要提供地球大氣壓力三分
之一的壓力就夠了，也就是說每平方公分約 0.3
公斤重的壓力即可。」她設計的太空裝比較接近
衣服的概念，而不是笨重的膠囊空間。紐曼的第
二層皮膚「生物裝」（BioSuit）中，用聚合物和
記憶形合金來製作有保護功用的衣物。比起目前
太空人穿著的壓力裝更有彈性，也更靈活。

　　為了增加活動性，紐曼不想在太空裝中加太
多抗輻射防護。她說：「真正的保護層又大又笨
重。我們當然要防護輻射線，但衣服上只要有基
礎的防護就夠了。」因為太空人大部分的時間都
會待在有防護的室內空間或是巡邏車中。紐曼
說：「到我們要送人上火星的時候，已經可以靠
數十年來探測車和軌道衛星收集的資料準確掌握
當地環境的輻射含量。」

　　人類要在火星上生存，以上種種問題都可以濃縮成一個終極大問題：我們能在這麼不友善的環境中生活下去嗎？答案取決於我們能否找到加溫火星的技術，讓火星大氣密度在短時間內增加，重新改造整個星球，讓火星更像人類現居的地球。這個改造過程叫作「地球化」（terraforming），改造會需要好幾百年的時間，但我們做得到，也將會做到。

7

改造火星

人類已經證明自己具有非凡的適應力，能夠居住在非比尋常的環境，不論是嚴酷的亞馬遜雨林，還是終年冰封的格林蘭北部。儘管如此，我們終究還是會厭倦隨時要配戴的呼吸系統、還要時常檢查剩下的氧氣存量，以及火星上的嚴寒天氣。我們當然會想改造這個紅色行星，讓火星大氣能讓人自由呼吸，讓火星表面變溫暖。

根據 1960 年代到目前為止的探測船回傳資料，研究火星地質演變的科學家們判斷火星曾經有河流、湖泊，至少曾有一座海洋，以及濕潤的

空氣。很可能還曾經出現過生物。

　　對人類來說很幸運的是，水、大氣密度和溫度三者是互相關連的。簡單來說，如果火星表面溫度升高，就可能釋放原本結凍的氣體，被釋出的氣體會讓火星大氣層增厚、密度增加，進而產生溫室效應。接下來，溫度繼續升高，地表的冰層開始融化，特別是赤道附近的區域，可能會開始出現流動的水。液態水加上新的大氣組成，讓火星移民能在溫室外種植物，植物會貢獻更多氧氣，使大氣中的氧氣含量增加。和地球的演化歷程一樣，生命的形成和生態圈是緊密連結、互相影響的。

史上最大規模的重新裝潢

　　這個重新改造的程序就是地球化，更正確的說法應該是「行星工程」（planetary engineering），NASA 稱這個過程為「行星生態合

成」（planetary ecosynthesis）。雖然地球化這個詞多半被認為是科幻小說家創造的，但其實天文學家沙岡（Carl Sagan）在 1961 年的《科學期刊》（Science）中就曾發表改造金星的想法，想讓金星變成適合人居的星球。

　　地球化是非常昂貴的大工程，要耗費數千年以上的時間，人類走在火星地表才可能看起來像加拿大西岸的風景。但即使我們只能在火星上的特定地區，讓溫度提高一點，也會大幅升人類在火星的生活品質，生活絕對會比 2027 年首批太空人登陸時要愉快許多。我們只要幾百年的時間，就可以大幅改變在火星的戶外環境。

　　讓火星暖化是地球化的第一步，可以透過幾種方式達成。速度最快、最吸引人的方式是打造一系列巨型鏡子，把陽光反射回火星地表。如果把陽光反射到火星的南極區域，效果應該特別顯著，因為火星南極厚實的乾冰層底下就有冰層。

但目前，用鏡子反射太陽光是暖化火星最昂貴、
也最高難度的方法。不過鏡子如果成功運作，火
星赤道區域的白天就有望在數年內開始出現河
流。這個方法中使用的鏡子類似有彈性的聚醯胺
材質太陽帆（solar sails），表面塗上一層非常薄
的鋁。鏡子的大小也非常驚人，需要有 250 公里
寬。很顯然地，從地球運送這些龐大的鏡子是不
可行的，必須在火星當地製造。我們可以利用補
給太空船使用的太陽帆作為現成的鏡子，當太空
船抵達火星軌道後，就卸除太陽帆，運送到火星
地表，開始反射陽光。這些鏡子也可能成為「靜
止衛星」（statite），置放在幾個特殊位置：太陽
光會持續的把鏡子推離火星，而火星的重力又從
相反的方向作用，拉著鏡子。

　　祖賓贊成這個讓火星暖化的方法。計算顯
示，一面 250 公里寬的鏡子，足夠讓火星南極地
區的溫度提高 10 度。溫度提高就能釋放大量二

氧化碳到火星大氣中。二氧化碳能產生強力的溫室效應，融化表岩屑中的冰，而水又會蒸發變成水蒸氣，散發到大氣中，成為強大的溫室氣體，促成暖化的循環。如果是將近 500 公里寬的鏡子，提高的溫度又可以加倍。

另一個可能提高溫度方法，是從小行星帶找含有大量結凍阿摩尼亞的小行星。如果人類最終想在火星上不靠特殊裝備自由呼吸，需要能緩衝大氣的氣體成分。我們在地球上呼吸的大氣中有 78% 的成分是氮氣，而阿摩尼亞（NH_3）就是由氮和氫組成的。如果含有大量阿摩尼亞的小行星撞上火星，撞擊之後至少會發生兩件事：撞擊產生的熱能使火星地表溫度升高，釋放溫室氣體。一個較大型的小行星撞擊火星，就可以讓地表溫度提高 3 度以上。但不幸的是，小行星也會造成大災難：小行星撞上火星會激起大量碎石塵埃到大氣中，引發核子冬天（nuclear winter），整

個行星的在變暖之前會先急速降溫，地球化的時程就會大幅延後。

除此之外，阿摩尼亞具有腐蝕性，空氣中如果含有大量阿摩尼亞，對人類的影響比二氧化碳還要糟糕得多。最終，太陽光應該會慢慢把阿摩尼亞分解為氮和氫，有些氫氣可以和表岩屑中的氧化鐵作用產生水。但由於火星的重力比較小，部分氫氣可能會逸散到太空中。

還有一個不太實際的暖化火星方法，是送載有機器人的太空船到土星的衛星「泰坦」（Titan）上，泰坦是一顆富含碳氫化合物的衛星，表面有液態甲烷匯流成的溪流和小型海洋。我們可以用某種方法吸取、收集那些甲烷，再運送回火星。釋放甲烷這類的碳氫化合物到火星大氣中，就能產生水蒸氣和二氧化碳等溫室氣體。

我們在地球上經過慘痛教訓才了解到含氟氣體（fluorine-based gases）是比二氧化碳和水蒸氣

都強效的溫室氣體,惡名昭彰的氟氯碳化物(Chlorofluorocarbons, CFCs)就是其一。氟氯碳化物在地球上是效果很強的溫室氣體,而且會破壞臭氧層,國際上已禁止使用在噴氣罐、冰箱和冷氣機中使用這種化合物。但在火星上,氟氯碳化物說不定是我們的解答。

有人認為,火星上本來就存在製造全氟碳化合物(perfluorocarbons, PFCs)所需要的元素。數十年來,人類在地球上的工廠製造冰箱和空調設備運作所需的氣體,我們已經握有完整的技術。不過,要製造足以讓火星大氣改變的大量氟氯碳化合物,需要很多座大型工廠,還要上千名人力。因此,在火星的第一個人類城市出現之前,這個方案不太可能實行。

暖化火星最便宜的方法可能是讓細菌把氮氣和水轉換成阿摩尼亞,或是把水和二氧化碳轉換成甲烷。這裡的矛盾卡在「液態水」:我們需要

火星變暖才能得到液態水，但是缺少液態水又不能讓火星變暖。這個問題很適合由凡特（J. Craig Venter）這類科學家處理。凡特是最早定序人類基因組（human genome）的科學家之一，他一直想要改造現存的微生物。例如，石油公司可以把遺傳工程改造的細菌放到舊油井中，這種舊油井裡面通常還會剩下大約 2 成難以抽取的原油，細菌能把這些剩下的油當成食物，排出甲烷，讓我們得到天然氣。

　　以目前的技術，應該馬上能夠創造出能夠處理特別問題的改造細菌。如果新種細菌能在火星的表岩屑中生長，並且釋放出全氟碳化合物，火星可能馬上就能變溫暖。就算是利用現有的細菌來製造阿摩尼亞和甲烷，火星在幾十年之內也會溫暖許多。細菌釋放出來的阿摩尼亞和甲烷進入大氣層後，也有助於抵禦太陽輻射和宇宙輻射。利用新種細菌的問題是，計劃一旦開始就很難喊

停。1930 年代，美國的農夫被鼓勵種植葛草
（Kudzu）防止土壤流失。葛草並不是美國原生
種，結果現在美國南方到處都受到葛草藤這個外
來種的糾纏。

　　考量所有情況後，讓小行星撞火星，或是用
改造細菌釋放溫室氣體這兩種方法，就算進行順
利，也會造成許多問題。最簡單與優雅的方法，
至少是在一開始，可能還是利用太陽帆讓火星極
區增溫。使用太陽帆反射陽光的基本問題是成
本，不過好處是這種方法只需要現成的科技就可
以完成。

　　一旦火星溫暖到能有液態水在地表流動，我
們應該就能移植地球上較強韌的大型植物到火星
上，在含有大量二氧化碳的大氣中生長。植物生
長就會開始製造大量氧氣，但氧氣並非溫室氣
體，反而會使火星的溫度下降。由於火星的大氣
本來就稀薄，再加上引力微弱，釋放到火星大氣

的溫室氣體最後都會消失。因此，就如我們在地球上建造自來水廠，不斷過濾、淨化飲用水，火星居民也將需要建造氣體循環工廠，維持火星的大氣濃度。

我們在火星上從事的許多活動都會彼此交互影響，造成的益處和危害是無法預測的。最樂觀的狀態是，我們成功融化更多的冰，製造更多液態水，就有更多的細菌能夠分解硝酸（nitrates），釋放氮氣到大氣中，形成愈適合植物生長的大氣組成，而繁榮生長的植物就能製造更多氧氣，繼續改造大氣組成，所有過程都是環環相扣、緊密連結的。

喚醒遠古生物

改造火星的過程中，有一些無法預知的情境，其中包括喚醒古老火星生物的可能性。如果火星上曾經有水流動，甚至曾有大型的河流、湖

泊和海洋，並且有濃密的大氣，那我們應該可以相信火星曾經有生命存在過。雖然目前沒有任何證據指出火星上曾有生命，但是好奇號探測車已經證明火星上有構成生命的基本單元。我們都知道，液態水是支持生命存在的必要成分，因此可以合理地推測，火星並非一直是這樣了無生機。

事實上，地球生命起源的其中一項理論就和火星有直接的關係。太陽系形成之初，太空中飛行穿梭的小行星和慧星很多，火星很有可能被這些星體撞擊，導致大塊的火星碎片被撞到太空中。如果這些碎片中有生命存在，火星碎片很可能在撞上地球後，把生命帶到地球。已經有證據指出，微生物可以在太空旅行中存活。有科學家相信，地球出現生命的時候，火星上是有水流動的。如果火星上曾經有生命形成，時間很可能是在地球上的生命出現之前，這代表地球上的生命很可能來自火星。

　　當然也有相反的理論。早期的地球也可能被小行星撞擊，有一部分碎片飛散到太空中，月球可能就是因此形成的。如果我們在火星上找到類似地球的生物，那麼兩個星球之間的連結，以及生命到底是從哪個星球傳到另一個星球，這些都是驚人的大謎團。

　　如果火星上有活著的微生物，這些已經完全適應火星環境的生命，對早期火星移民來說具有無比珍貴的參考價值。如果生命因為液態水重新流動而復甦、繁衍，那麼改變大氣組成、出現更複雜的生命形式都將變得更有可能。即使在早期的探索活動中沒有發現明顯的生命跡象，等到河水重新開始流動，我們才能確定是否有生命存在。那時我們才會知道表岩屑裡、岩石底下，或甚至因為地熱效應而產生的深層熱泉或是地下水層中，是否還潛伏著未知的生命。

　　當火星漸漸變暖，移民者某天早上醒來，說

不定會發現腳下開始長出類似苔蘚的的綠色生命，如果暖化火星能讓火星上的生命恢復生機，這些生物的出現對於人類適應火星環境會有很大的幫助。當然，這些火星生物也可能含有劇毒，或許還能穿透最好的太空衣，殺光火星上的每個人類。不過就我們對地球生物的知識來說，這種狀況發生的可能性微乎其微。

　　另一個變數，則是我們挾帶到火星上的生命。不論我們在離開地球前把太空船擦洗得多麼乾淨，還是可能有微生物搭便車一起登陸火星。已經登上火星的探測車也不可能是完全無菌的，因為我們知道組裝探測車的無菌室並沒有我們想像得那麼乾淨。我們終究會以某種方式把生命帶到火星上，而這些生物很可能在液態水重新流動後開始大量繁衍。

　　使行星的溫度增加等問題，都還只是改造中短期會面臨的課題，還有一些長期的問題，例如

把有毒的大氣轉換成能讓人自由呼吸的組成。雖然我們在上一章已經討論過這個問題，但是對火星移民來說，「空氣」是目前最困難、最耗費時間，也是最昂貴的問題，值得再次檢視。

把火星當成殖民新大陸的樂觀團體，都認為我們能運用科技，讓火星變暖、讓水重新流動，這些想法是合理的。目前為止，所有行星改造工程都取決於我們願意投資多少，但是要讓人類能在火星自由呼吸，這項工程就會需要很長的時間。用最快也最貴的技術，有機會能在幾十年內、就能讓火星環境產生重大改變，但是若是想要讓大氣中含有足夠的氧氣，這可要花好幾千年以上。

空氣有兩個很大的難題。首先，人類在地球上呼吸的空氣中，氧氣占 21 ％，氮氣則占 78 ％，這個混合比例非常重要。氧氣的比例如果減少幾個百分點，人類將會因為缺氧而臉色

發青；如果多幾個百分點，肺臟又會受損。而氮氣的角色就像是填充劑，它不會與肺臟反應，我們吸進肺裡又呼出來。如果就體積來算，氮氣其實占我們呼吸氣體中的大部分。利用氬氣這類的惰性氣體，或是氬氣和氮氣體混合氣體，可能是我們最佳的解決方法。因此，我們不只要設法讓火星大氣充滿足夠的氧氣，還要用惰性氣體取代火星大氣中 95％的二氧化碳。

接下來的問題更複雜，就算我們有能力調節火星的大氣，當大氣中的二氧化碳減少，火星也會跟著冷卻下來。氧氣、氮氣和其他惰性氣體為主的大氣組成無法形成良好的溫室效應。地球的大氣中有許多水蒸氣，加上其他因素交互作用，才使地球能保持溫暖。假如，我們把火星的溫度升得夠高，讓冰融化，將會有許多水蒸氣進入大氣，就有機會開始降雨、降雪。

在地球化的構想中，科學家和工程師們解決

氧氣問題的提案比其他提案都更粗略與模糊。打造完美大氣的必要技術還沒有齊備，我們有很多合理的假設，但沒有把握第一次嘗試就能成功。而呼吸問題又必須非常小心謹慎處理，如果出差錯，可能就無法彌補。

目前最樂觀的大氣改造計劃也要花費 900 年的時間。人類科技在這段期間可能會有重大的進展，因此我們可以相信計劃會成功。阿波羅登陸月球到現在將近 50 年，接下來的兩三百年中，假設人類知識每隔幾年就增一倍，將能深入了解這個問題，得到更多洞見。遺傳工程技術是有望加速破解大氣問題的催化劑，特別是植物基因改造相關領域在近年發展得非常快。基因改造在地球上可能惡名昭彰，但卻可能是我們需要的解答，能創造人類在火星居住所需的大氣。

讓我們來看一下目前所知改造火星大氣會發生的事。當火星變暖，液態水開始流動，硝酸鹽

沉積物會開始水解，釋放出對植物很重要氮氣。
火星上的植物越多，氧氣也就越多。水流過火星
的表岩屑，會分解其中的氧化物，釋放出更多氧
氣。火星表面的紅色塵土主要成分是氧化鐵，所
以有許多氧氣封存在這些塵土中。

靠核能發動的機器可以在火星表面移動，挖
起並加熱地表塵土，釋放出其中的氧氣。但想像
約 100 萬台類似除草機的機器在火星穿梭，就會
覺得不切實際，因為太耗能了。較好的構想可能
是採用祖賓的理論，讓細菌和原始植物先在火星
上大量繁衍，製造氧氣，然後再引進更複雜、高
等的植物，製造更多的氧氣。

太陽輻射和宇宙輻射對植物也是個威脅，但
當火星變暖後，大氣濃度理論上會增加，雖然其
中有很多二氧化碳，依然可以大幅降低輻射的傷
害。就像之前提過的，大量的二氧化碳對人類來
說雖然是缺點，對植物而言卻是好東西。植物會

吸收二氧化碳，放出氧氣。已故物理學家費曼（Richard Feymann）很喜歡說，樹木不是靠土地生長，而是靠空氣維生的。植物需要陽光和二氧化碳才能生長，大部分也需從土壤中吸收水分。植物應該能在充滿二氧化碳的火星上繁衍，我們的遺傳工程技術應該也能讓它們在火星生長得更快更好。到頭來，遺傳學成為改造大氣的關鍵。我們現在所認識的植物可能還不夠有效率，我們必須從根本上改變它們的結構，才能在輻射更多、氣壓較小和氮氣較少的環境中生長茁壯。

當然，植物只是解決方法之一。遺傳工程改造細菌和微生物的技術正在持續進步，我們或許能製造出新的生命形式，消化我們在火星上不需要的東西，例如二氧化碳，並製造我們要的東西，例如氧氣和氮氣。

如果不考量未來科技的發展，以上的假想至少需要 1 千年才能完成。2014 年 9 月，NASA 的

MAVEN 探測船進入了火星軌道。這艘探測船的任務是研究火星大氣層的上層與電離層（ionosphere），讓我們知道火星大氣中有多少氣體正在被太陽風吹走。MAVEN 為期 1 年的任務目的，是要找出火星從原本潮濕、溫暖的環境變成現在乾冷荒漠的原因。MAVEN 這趟任務可能可以帶給我們很重要的資訊。

可以確定的試，我們掌握的火星知識正在快速推進、改造重組生命形式的能力也突飛猛進。人類變聰明的速度加快了，試想 300 年前、18 世紀初期人類所掌握的生物和化學知識，再想想從現在開始 300 年後、24 世紀初期人類將會知道多少事情。相較之下，我們現在掌握的知識屆時會變得相當過時。

我們要改造火星，還是人類？

我們越來越擅長編輯、操縱細胞中的基因排

序，包括移除，以及加入新的基因。我們把病毒
送入人類細胞核改造遺傳編碼的技術也愈來愈純
熟。到目前為止，這些基因工程技術的目標都是
治療疾病。但是在不久的將來，可能是未來 50
年內，我們就可以用遺傳工程改造人類。

　　其實，我們已經在許多看不見的地方進行人
類改造，大自然也早就在這麼做了。人類的遺傳
密碼中，有 8％ 來自演化史上入侵人體的病毒所
遺留的。病毒進入細胞，改寫了 DNA，讓自己
能夠在人類細胞中繁殖。我們只是在複製自然的
過程而已：把病毒放入細胞中，改變原本的設
定。美國聖地牙哥的 Celladon 公司正在進行一項
改造人類心肌細胞的工程，可以解救先天心臟搏
動力量不足的人，計劃目前已進行到美國食品及
藥物管理局（FDA）的第二階段試驗。他們正在
改寫人類心臟細胞的設定，這個工程代表的概念
和登陸火星一樣重大：我們為什麼不改造人類的

肺臟或是血球細胞,讓細胞有分解二氧化碳的功能? 300 年以後,這項任務對我們來說應該不會很困難。

人類如何在火星生存,答案可能不只是我們如何改造火星,也在於我們如何改造人類。雖然聽起來好像很可怕,但是我們已經掌握了技術。如果遺傳工程可以治療疾病或讓人遠離疾病威脅,我們就會全心接納這些技術。很快地,人類就能從大自然手中接管自己的演化方向。我們沒有理由不利用遺傳工程,讓人類的備用星球變得更適合居住。凡木倫說:「我認為太空人勢必會透過遺傳工程改造來增強適應力。人類的生理條件本來就不適合太空旅行。有些人比較不易受輻射影響,我們可以找出原因,然後改造人類的基因,適應輻射環境。」

我們可能無法在此生的時間內把人類改造到能呼吸由二氧化碳組成的大氣,但我們將能用遺

傳工程技術，改造人類的卵子和精子，使我們的後代開始改變。遺傳工程技術並非幻想，它正在逐步實現中。隨著地球化技術的進步，我們可以同時在遺傳改造領域努力，當火星大氣中二氧化碳含量降到 4 成的時候，改造過的人類或許已能在這樣的大氣組成中呼吸。遺傳學與地球化這兩項工程可以互補，達成完美的平衡。

　　改造人類似乎比改造行星更神奇，不過現實是，目前我們改造人類的能力遠超過改造行星。操縱那些以往被認為是神才能擁有的能力，可能會讓人心生畏懼，但為了生存下去，我們必須擁抱這些能力。

8

下一波淘金熱

　　不幸的是，人類把火星改造成能夠不需要壓力裝和氧氣面罩也能居住的星球，目的並不是因為我們正在摧毀現在居住的地球，也不是因為要趕在太陽瀕死吞噬地球之前成為星際種族。人們前往火星的目的，就和西班牙人前往新世界、農人前往加州的金礦一樣，是為了發大財。和之前所有的開拓者一樣，進步的驅動力，是尋找新的人生和巨大的財富。有些人單靠幫助人們抵達新世界，就可以發大財。馬斯克清楚地看出SpaceX公司會潛力引領這個傳統，連前往火星的單程票

價格都訂好了。

　　當第一、第二與第三波大規模的移民登陸火星，發現火星遺留下來的河床並沒有金礦時，就會把焦點轉移到隱藏在 NASA 官網上關於近地小行星（near-Earth asteroids）的說明：「火星與木星軌道之間的小行星帶（asteroid belt）所蘊藏的礦產價值，如果平均分給全世界的人，相當於每人可以分到 1 千億美元。」火星與木星軌道之間的小行星帶，有著超乎想像的豐富礦藏，但我們在地球上幾乎無法取用，其中一個主因是脫離重力需要用到的火箭花費實在太高。不過，火星的重力相對較弱，發射火箭到小行星就會變得便宜許多。另外還有一個優點：從火星到達小行星帶要比從地球去近多了。火星的殖民地一旦建立完成，從火星開採小行星礦產將會更容易也更符合經濟效益。

　　但馬斯克認為，從火星出發開採小行星的金

屬礦產，如果要運回地球，花費還是太高了。而且在火星上，簡單的貿易活動就足以支持一定人口的生活。馬斯克說：「火星殖民地的經濟基礎和地球上人們從事的活動一樣，有鋼鐵廠、也會有披薩店。如果說要運什麼商品回地球，我想最主要的會是智慧財產，像是娛樂產品、軟體，或是其他不用傳遞原子、而靠傳遞光子就能送到的事物。如果要用原子型態傳遞的物品，就重量而言，應該是要具有非常高的價值，才會划算，送東西回地球的成本很高。我的想像是，從火星出發的太空船回程的貨物要比出發前的少，因為回程時只有太空船，沒有推進火箭。」

在火星上製造未來 iPhone

開採小行星上的礦產可能是比任何人預期還要緊迫的任務。地球上的人口馬上要突破 80 億大關，重要金屬資源已快速耗盡，連銅這種我們

認為存量很豐富的金屬，也很快會消耗殆盡。存在地殼中的大部分金屬資源已經快要開採完了，地球上容易開採的金、銀、銅、錫、鋅和磷，可能會在未來 100 年內耗盡。說來有些諷刺，對製造電子產品而言很重要的金屬，大部分來自於小行星。地球剛形成時，是一個高溫岩漿球，當時鎳、鈀、鉬、鈷、銠和銥等重金屬就被地心引力慢慢拉往地心。當地球漸漸冷卻，地殼形成之後，當時還在成形中的太陽系造成一系列的隕石撞擊，無數小行星墜落到地表，帶來了大量的稀有金屬，也就是我們製造現代產品的必需原料。

NASA 和許多太空機會主義者已經預見了小行星帶金屬礦藏的市場潛力。但並非每個人都想得到，從火星出發開採是更可行、更符合邏輯的做法。火星和小行星「穀神星」（Ceres）都很適合作為開採基地，可擴充膨脹的運輸太空船可以沿著霍曼轉移軌道，花幾個月的時間把貨物運送

回地球。開採完的太空船也可以送回火星，殖民地本身的建設和維持也需要材料。不用花太多腦筋，就可以想像許多採礦船在小行星與火星間穿梭、火星上的工廠會用開採出來的稀有金屬製作奇特的新產品，然後運送回地球。想像一下，你的 iPhone 30 手機殼背面印著「火星製造」。

　　小行星就像是銀行裡的存款。直徑 100 公尺的 S 型小行星（S 型小行星占小行星總數約 15% 以上）蘊藏的鎳、金、鉑、銠、鐵和鈷，重量可能超過 25 萬公斤，這麼大量的稀有金屬資源當然會被發現有利可圖。2012 年重整改名的「行星資源」公司（Planetary Resource, Inc.），業務目標就是開採小行星礦產。投資該公司的人包括 Google 的執行總裁史密特（Eric Schmidt）和共同創辦人佩吉。有了行星資源公司當榜樣，2013 年，另一家公司「深太空企業」（Deep Space Industries）也跟著成立。這家公司的官方網站看

起來像是科幻小說的場景，上面有立方衛星（CubeStats）、探勘太空船，還有在太空中組裝、不會進入行星大氣層的巨大的採礦太空船插圖。深太空的主任科學家路易斯（John S. Lewis）曾在麻省理工學院與亞利桑納大學任教，著有《開採天礦：小行星、慧星與行星中的無盡財富》（*Mining the Sky: Untold Riches from the Asteroids, Comets and Planets*）。這些聽起來都很像科幻小說的內容，但他們是認真的。深太空取得了NASA 的合約，提供探索小行星的諮詢，而且正在設計能定位採礦地點的小型太空船。他們希望能夠在 2023 年開始鑽探小行星。

穿越星際的五月花號

　　火星基地一旦開始順利運作，人們將會蜂擁而至。只要看地球每年有那麼大量的跨國移民，就知道地球上有多少人都想尋找新的落腳之處、

期待一個光明的未來，這種動力深植在人類的靈魂之中。

舉例來說，大多數人都不了解美國殖民成長的速度有多快。1620 年，五月花號載著 102 名乘客抵達麻州的普利茅斯（Plymouth），10 年之後，波士頓已經具有城市規模了。到了 1640 年，已有 3 萬多個新移民抵達，其中大部分的人都往西部開拓。美洲最早的永久殖民地詹姆斯城在 1607 年建立時，只有 104 位殖民者，隔年第一艘補給船抵達時，只剩下 35 人。不過到了 1622 年，距五月花號靠岸沒有多久，維吉尼亞已經是住有 1 千 400 人的聚落。火星殖民地成長的速度可能沒有那麼快，不過在 17 世紀，跨過大西洋所需要的時間，感覺上就和現在人類前往火星所需的時間相近。就成本而言，差異也不會太大。

火星將會成為新的疆土、新的希望，也是許

多地球人的命運之地，他們會竭盡所能抓住火星上的新機會。討論火星殖民這件事，我們都要小心區辨「需求」和「貪婪」。即使火星上沒有要被征服的原生居民，人類很容易無節制地開採資源，環境可能在一夕之間被破壞殆盡，具有科學價值的資源也可能被摧毀，甚至可能出現年輕人為前往火星而成為契約奴工（indentured servitude）。1967 年簽訂的《外太空條約》（*Outer Space Treaty*）和後來的其他相關條約，都試圖要讓地球以外的土地成為人類共有資產，歷史已經證明，人類是需要法律來規範與約束的物種。

如果我們搞砸了，又重蹈覆轍、犯下過往的錯誤，結果可能是帶來毀滅的災難。但如果我們這次做對了，對於人類文明的未來將帶來不可限量的益處。

9

冒險的終點

不到 500 年前，麥哲倫率領 5 艘小船，跨海西渡、前往歐洲人未曾目睹過的土地。他的任務是找出前往亞洲的新航線，成功的機會渺茫。即使之前有哥倫布和其他傑出的航海家，但是沒人有把握來自大西洋的船隻能航進太平洋。船隊攜帶的補給品足夠維持兩年的航行，但是這個繞地球一圈的航行共花了 3 年，大部分的船隻不是失蹤、就是損毀，只有留下一艘。許多船員死亡，麥哲倫自己也在菲律賓的原始部落喪命。探險的過程求生不易，只能依靠人類的創造力。

　　這趟航行改變了世界。那是大發現時代的開始，各大陸文明可以由海洋而連接，地球的大小倍增。以往想像不到的新資源突然近在眼前，人們的棲地不再限於城市或是小區域，而是整個星球。遠在天邊的距離，已經大幅縮短。帝國興起又沒落，舊世界與新世界之間發生衝突，植物、人群、疾病和文化此去彼來。玉米去了歐洲、馬匹進入美洲；有些經濟體系蓬勃發展，有些衰頹毀滅。每個人對世界的看法都因而擴大、濃縮，或是增加了。前往火星將使過去的大發現時代在人類歷史上顯得渺小。人類的世界將從一個星球擴增到整個太陽系；我們改造地理的能力將會大增，連行星都能改造；人類將會建立史無前例的貿易路線、得到急需使用的金屬資源、還有能夠保護環境的科技。象徵著新生活的移民機會，會讓上百萬人充滿希望。

　　我們必須盡全力保護地球，目前所知還沒有

另一個和地球一樣的地方。從遠方回頭看著地球，清楚見證她有多麼脆弱。包圍在地球外面的稀薄藍色煙霧就是讓全人類能夠呼吸的大氣層。我們呼吸的氧氣，大部分都集中在地表 2 千公尺的範圍內。

從一個遙遠的制高點看地球，將能夠啟發無數的人。地球上所有的事物交織在一起，組成一個有限的生態系。對此，我們將會有更深刻的體悟，人類也能重新了解生命的意義。前往火星，能讓我們以真實的角度重新了解自己的星球，我們絕不能放棄這樣的願景。

難道我們不能建立星際社會，又同時找到與地球環境和平相處的方式嗎？難道從改造火星的實驗中，不能學習保護地球的方法嗎？我們能從過去殖民者摧毀其他文明的錯誤中學到教訓嗎？人類嶄新的大發現時代能否充滿希望？我們能否展現出人類最好的一面，保障自己的種族以及文化，一直永續到遙遠無盡的未來？

致謝

我要感謝安德森（Chris Anderson）堅持要我寫這本書（雖然我比較想和他玩模型四軸飛機），感謝昆特（Michelle Quint）在本書結構上展現傑出的編輯功力，卡普（Alex Carp）持續為內容把關、確保文意表達清晰明白，以及豪斯（John House）在各不知名的網站中找到那些華麗的火星照片。也感謝安立奎（Juan Enriquez）一直讓我記得人類所能做出的成就。也感謝我親愛的妻子帕曼（Chee Pearlman）一直支持我，即使她一直認為除了去火星，人們應該把時間花在更其他更美好的事情上。

作者介紹

由 TED 提供

　　史蒂芬‧彼車奈克（Stephen L. Petranek）投入出版生涯 40 多年，得獎無數，寫作的範圍包括科學、自然、科技、政治、經濟等。他曾是全世界最大的科學雜誌 *Discover* 的總編輯、《華盛頓郵報》雜誌的編輯，時代公司 *This Old House* 雜誌創辦人兼總編輯。他也曾擔任《時代》雜誌

的科學資深編輯，Weider History Group 旗下十份歷史雜誌集團的總編輯。他的 TED 演講「世界末日倒數計時」（*10 Ways the World Could End*）已經有超過 100 萬次點閱率。他現在是 *Breakingthrough Technology Alert* 的編輯，這本雜誌主要是發掘能夠創造真正價值並推動人類向前的投資機會。

相關主題的 TED Talks

1. 為何需要科學探索？
Why We Need the Explorers
演講者：寇克斯 Brian Cox

景氣不好的時候，我們的科學探索計劃，不論是太空探測船或大型強子對撞機，都是最先被削減經費的對象。寇克斯解釋了由好奇心所驅動的科學研究值得投資與推動創新的原因，以及對人類存在的深遠價值。

2. 太空探險的真實未來
The Real Future of Space Exploration
演講者：魯坦 Burt Rutan

在這場熱情的演講中，傳奇的太空船設計師魯坦痛責美國政府資助的太空計劃宛若死水，並且要

求企業家接替 NASA 放棄的任務。

3. 關於 Tesla, SpaceX, SolarCity 的構思與計劃
The Mind Behind Tesla, SpaceX, SolarCity
演講者：馬斯克 Elon Musk

企業家馬斯克心中充滿各種遠大計劃，他是 Paypal、Tesia、SpaceX 公司的創立者。這次他和 TED 的主席安德森坐下來一起分享這些前瞻計劃的細節，包括量產電動車、可租賃的太陽能發電廠以及可回收的火箭。

TEDBooks

TED Books 是介紹重要觀念的輕快閱讀系列，由 TED 團隊策劃製作，找專精領域又善於說故事的講者與作者，規劃出涵蓋多元領域的一系列 TED Books。

每本書的篇幅短到可以一口氣讀完，但是也長到足以深度解說一個主題，主題非常廣，從建築、商業、太空旅行、到愛情，包羅萬象，是任何有好奇心、愛廣泛學習的人的完美選擇。

在 TED.com 上，每一本書都有搭配的相關 TED Talk 演講，接續演講未盡之處。十八分鐘的演講或播下種子、或激發想像，許多演講都開啟了想要知道得更深、想學得更多的渴望，需要更完整的故事。TED Books 輕快閱讀系列正滿足了這個需求。

TED

　　TED 是非營利機構，致力傳播觀念，主要是透過簡短有力、約十八分鐘的演講，還有書籍、動畫、廣播和實體活動等方式。

　　TED 成立於一九八四年，一開始是聚焦科技、娛樂與設計匯流的論壇會議；今天，TED涵蓋了從科學、商業到全球議題，幾乎無所不包，同時突破語言隔閡，翻譯為超過一百種語言。

　　TED 是全球社群，歡迎各個領域、不同文化的人，只要是想要更深入了解這個世界的人，都歡迎加入。TED 深信觀念的力量，可以改變態度、改變生活、最終將改變我們的未來，我們對此充滿熱情。TED.com 是我們建立的免費知識交流平台，匯聚了世界上最啟發人心的思想家，

這也是好奇者的社群，大家討論想法，彼此交流。TED 年會是 TED 的旗艦活動，匯聚了各領域的思想領袖一起交換意見。TEDx 是全球各 TED 社群各自舉辦的在地獨立活動，延續一整年。開放翻譯計劃（Open Translation Project）則確保 TED 的觀念能跨越語言、傳播無障礙。

從廣播 TED Radio Hour、TED Prize 大獎激盪出的計劃、到 TEDx 活動、TED-Ed 課程系列，我們所有的努力都源自於同一個目標：更好的傳播偉大的觀念。

TED 隸屬於一個非營利、無黨派的基金會。

國家圖書館出版品預行編目（CIP）資料

如何在火星上生活／史蒂芬・彼車奈克（Stephen L.
　　Petranek）著；鄧子衿譯 . -- 第一版 . -- 臺北市：
　　天下雜誌 , 2016.1
　　面；　公分 . --（新視野；11）
　　譯自：How we'll live on Mars
　　ISBN 978-986-398-128-2（平裝）

1. 太空飛行 2. 火星

447.9　　　　　　　　　　　　　　　　　104027024

訂購天下雜誌圖書的四種辦法：

◎ 天下網路書店線上訂購：www.cwbook.com.tw
　　會員獨享：
　　1. 購書優惠價
　　2. 便利購書、配送到府服務
　　3. 定期新書資訊、天下雜誌網路群活動通知

◎ 在「書香花園」選購：
　　請至本公司專屬書店「書香花園」選購
　　地址：台北市建國北路二段 6 巷 11 號
　　電話：（02）2506 － 1635
　　服務時間：週一至週五　上午 8：30 至晚上 9：00

◎ 到書店選購：
　　請到全省各大連鎖書店及數百家書店選購

◎ 函購：
　　請以郵政劃撥、匯票、即期支票或現金袋，到郵局函購
　　天下雜誌劃撥帳戶：01895001 天下雜誌股份有限公司

＊ 優惠辦法：天下雜誌 GROUP 訂戶函購 8 折，一般讀者函購 9 折
＊ 讀者服務專線：（02）2662-0332（週一至週五上午 9：00 至下午 5：30）

新視野 011

如何在火星上生活
How We'll Live on Mars

作　　者／史蒂芬・彼車奈克（Stephen L. Petranek）
譯　　者／鄧子矜
責任編輯／許湘
封面設計／三人制創

發 行 人／殷允芃
出版一部總編輯／吳韻儀
出 版 者／天下雜誌股份有限公司
地　　址／台北市 104 南京東路二段 139 號 11 樓
讀者服務／（02）2662-0332　　傳真／（02）2662-6048
天下雜誌 GROUP 網址／ http://www.cw.com.tw
劃撥帳號／01895001 天下雜誌股份有限公司
法律顧問／台英國際商務法律事務所・羅明通律師
印刷製版／中原造像股份有限公司
裝 訂 廠／中原造像股份有限公司
總 經 銷／大和圖書有限公司　　電話／（02）8990-2588
出版日期／2016 年 1 月 1 日第一版第一次印行
定　　價／249 元

書號：BCCS0011P
ISBN：978-986-398-128-2

天下網路書店 http://www.cwbook.com.tw
天下雜誌我讀網 http://books.cw.com.tw/
天下讀者俱樂部 Facebook http://www.facebook.com/cwbookclub

本書如有缺頁、破損、裝訂錯誤，請寄回本公司調換